大 国 匠 造 —— 中 国 红 木 家 具 制 作 图 谱
China Great Craftsmanship: Atlas of China Hongmu Furniture Making

中国红木家具制作图谱⑥

组合和其他类

| 主 编：李 岩 | 策 划：纪 亮 |

中国林业出版社

图书在版编目（CIP）数据

中国红木家具制作图谱．⑥，组合和其他类 / 李岩主编．-- 北京：中国林业出版社，2017.1
（大国匠造系列）

ISBN 978-7-5038-8811-3

Ⅰ．①中… Ⅱ．①李… Ⅲ．①红木科 – 木家具 – 制作 – 中国 – 图谱 Ⅳ．① TS664.1-64

中国版本图书馆 CIP 数据核字 (2016) 第 303788 号

◎ 特别鸣谢：中国林产工业协会传统木制品专业委员会
中南林业科技大学中国传统家具研究创新中心

中国林业出版社 · 建筑与家居出版分社

责任编辑：纪　亮
文字编辑：纪　亮　王思源

出版：中国林业出版社
（100009 北京西城区德内大街刘海胡同 7 号）
http://lycb.forestry.gov.cn/
电话：（010）8314 3518
发行：中国林业出版社
印刷：北京利丰雅高长城印刷有限公司
版次：2017 年 3 月第 1 版
印次：2017 年 3 月第 1 次
开本：235mm × 305mm　1/16
印张：16
字数：200 千字
定价：328.00 元（全套 6 册定价：1968.00 元）

前言

中华文化源远流长，在人类文明史上独树一帜，在孕育中华传统文化的同时更孕育出中国独有的家具文化。从中国家具文化史上看，明清是家具发展的高峰期。明代，手工业的艺人较前代有所增多，技艺也非常高超。明代江南地区手工艺较前代大大提高，并且出现了专业的家具设计制造的行业组织。《鲁班经匠家镜》一书是建筑的营造法式和家具制造的经验总结。它的问世，对明代家具的发展和形成起了重大的推动作用。到清代，明式硬木家具在全国很多地方都有生产，最终形成了以北京为核心的京作家具，以苏州为核心的苏作家具，以及以广州为核心的广作家具。明清家具的辉煌奠定了中国家具在世界家具史上的高度。

明清家具的发展史，也是中国红木与硬木家具的发展史。中国的匠人历来讲究的是因才施艺，对匠人的理解也是独特的，匠人乃承艺载道之人也。正所谓："匠人者身怀绝技之人是也，悟道铭于心，施艺凭于手，造物时手随心驰，心从手思，心手相应方可成承艺载道之器，器之表为艺，内则为道，道为器之魂、艺为器之体，缺艺之器难以载道，失道之器无可承艺，故道艺同存一体，不可分也。"

然而，由于种种原因，到了近现代中国传统红木家具的制作技艺并没有随着时代的发展而繁荣，大量的家具技艺成为国家的非遗保护项目，很多的技艺面临失传。党的十八大以来，国家越发重视制造业，重视匠人，并提出"匠人精神"、工匠兴国的发展理念。国家重视匠人，重视传统文化、重视传统家具，然匠人缺失，从业无标准可依托。本套图书及在这种背景下产生，共分为6册，分别为椅几类、柜格类、台案类、沙发类、床榻类、组合和其他类，收录了明清在谱家具和新中式家具6000余款，为了方便读者的学习，内容力求原汁原味的反映出传统家具技艺，并通过实物图、CAD三视图、精雕效果图多角度全方位展示。图书不仅展现了家具的精美外观，更解析了家具的精细结构，用尺寸比例定义中国红木家具的科学和美观。本套图书收录的家具经过编者的细心挑选，在谱的一比一还原复制，新中式比例得当样式精美，每一件家具都有名有款。

本套图书集设计、制作、收藏、鉴赏全流程的红木家具，力求面面俱到，但因内容繁复，难免有误，欢迎广大读者批评指正。

编者

目 録

目录

花梨大床

款式点评：

此床床头板上有顶板，正中镂空雕饰，呈阶梯式向上突起，床头上端有通板上浮雕花纹，靠背板呈弧形，正中靠背板嵌深色檀木。靠背板光素无雕饰，床面宽阔，床尾设挡板，挡板较矮浮雕花纹。床圆腿较短。床头柜面下有两屉，屉面有铜环拉手，整体大气端庄。

透视图

主视图

俯视图

侧视图

主视图

侧视图

俯视图

透视图

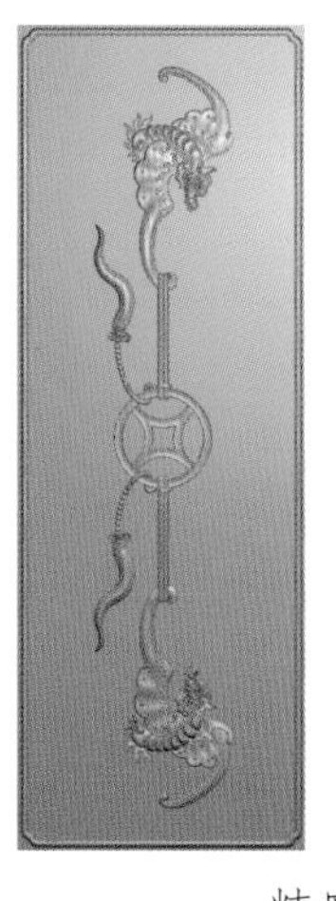

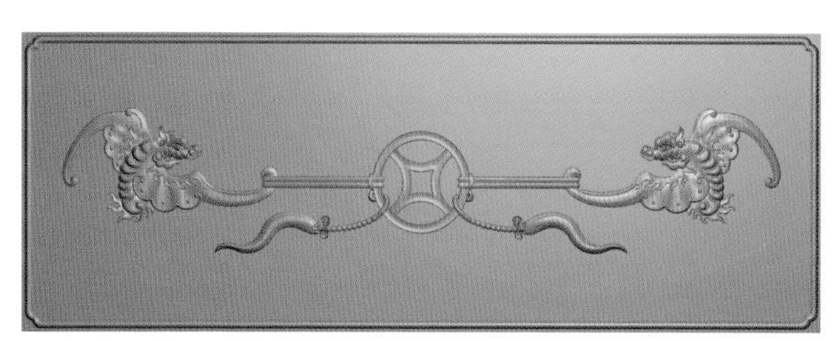

精雕图

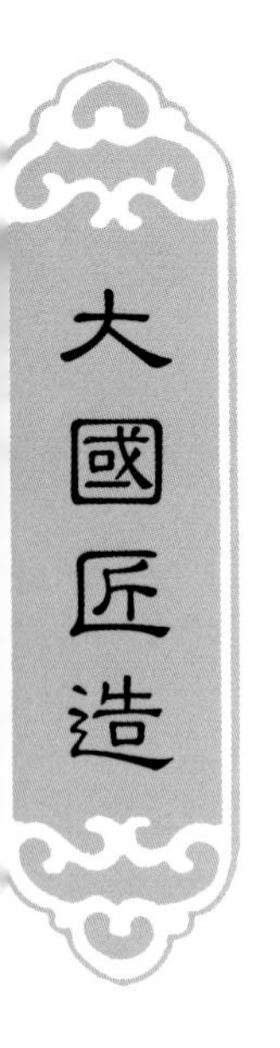
大國匠造

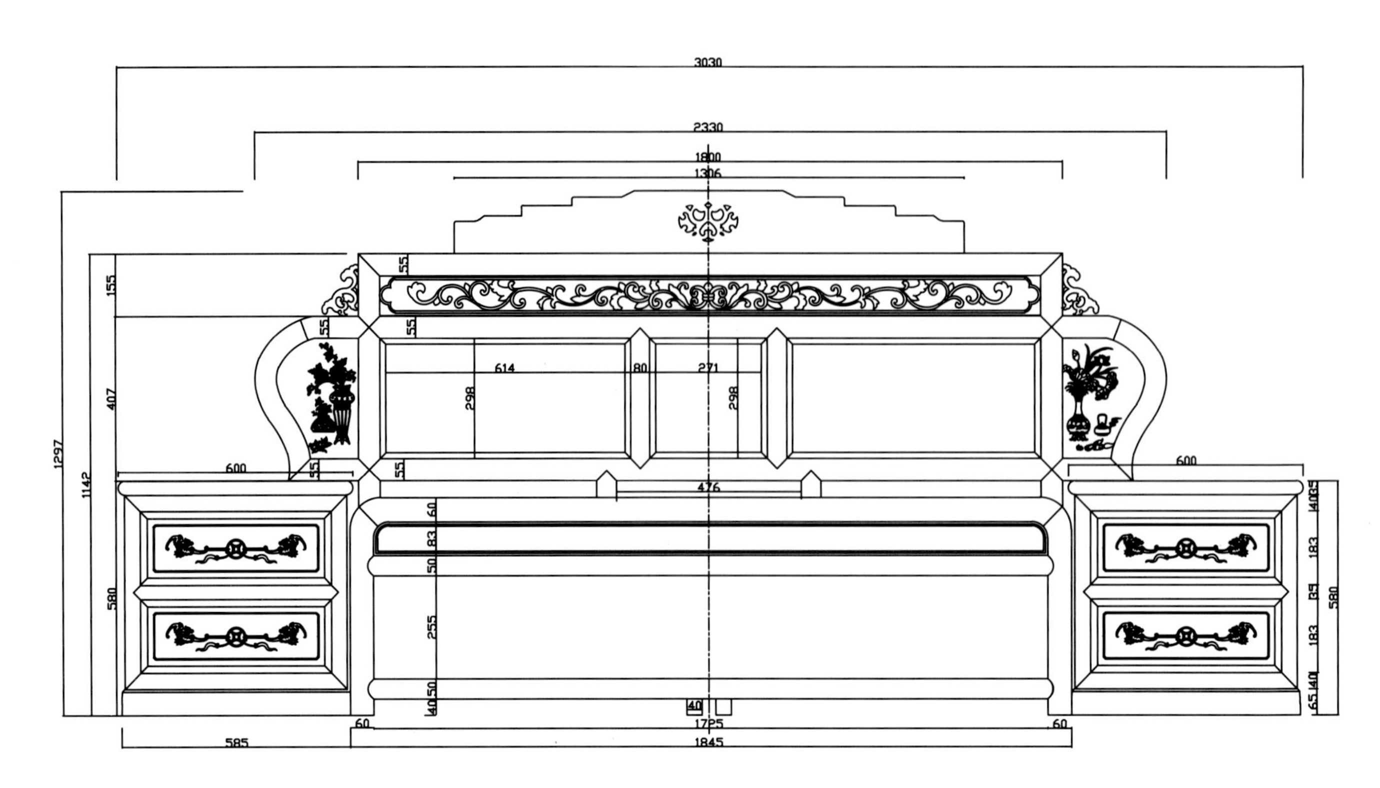
3030
2330
1800
1306
55
55
55
55
55
155
407
1297
1142
600
614
80
271
298
298
476
600
60
83
50
255
40
50
580
580
183
183
585
60
1725
60
1845
40

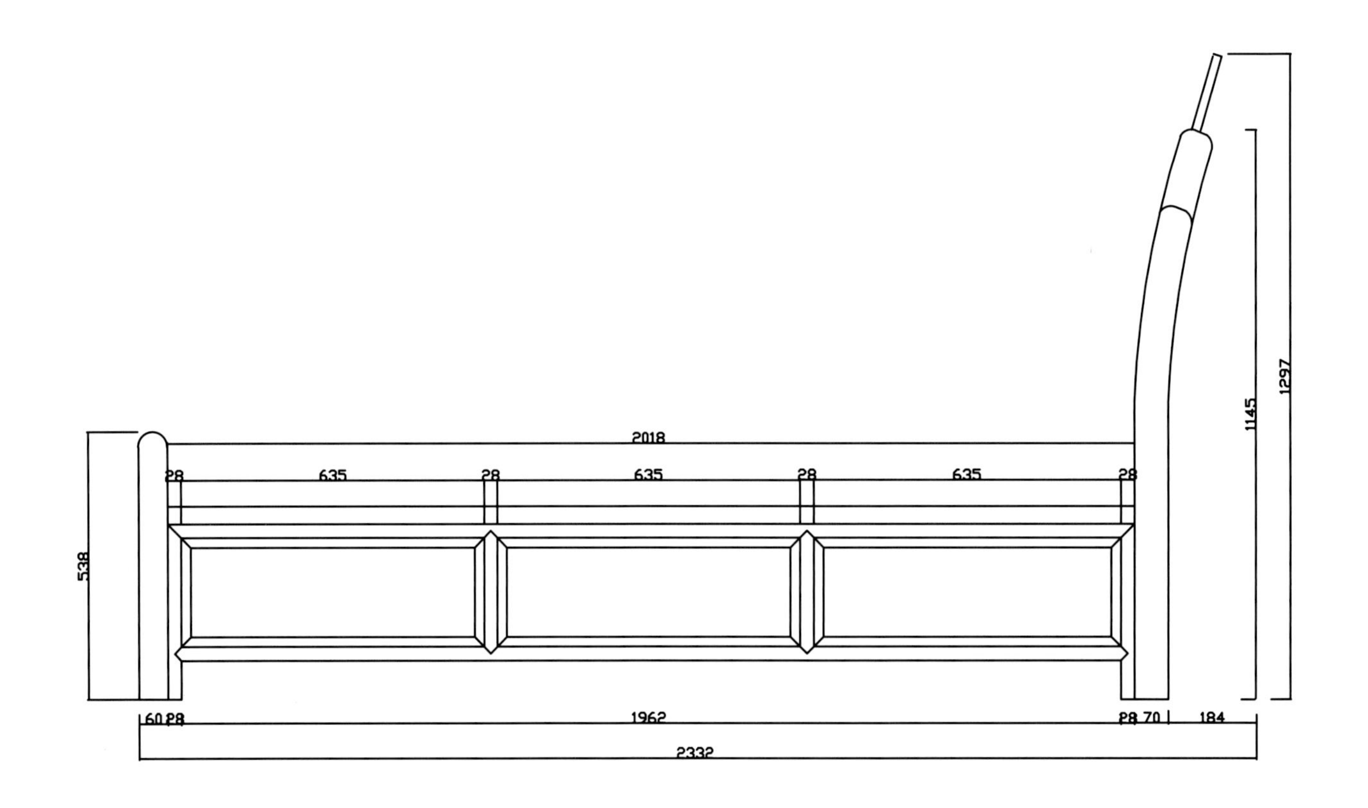
2018
28
635
28
635
28
635
28
538
1145
1297
60
28
1962
28
70
184
2332

CAD 结构图

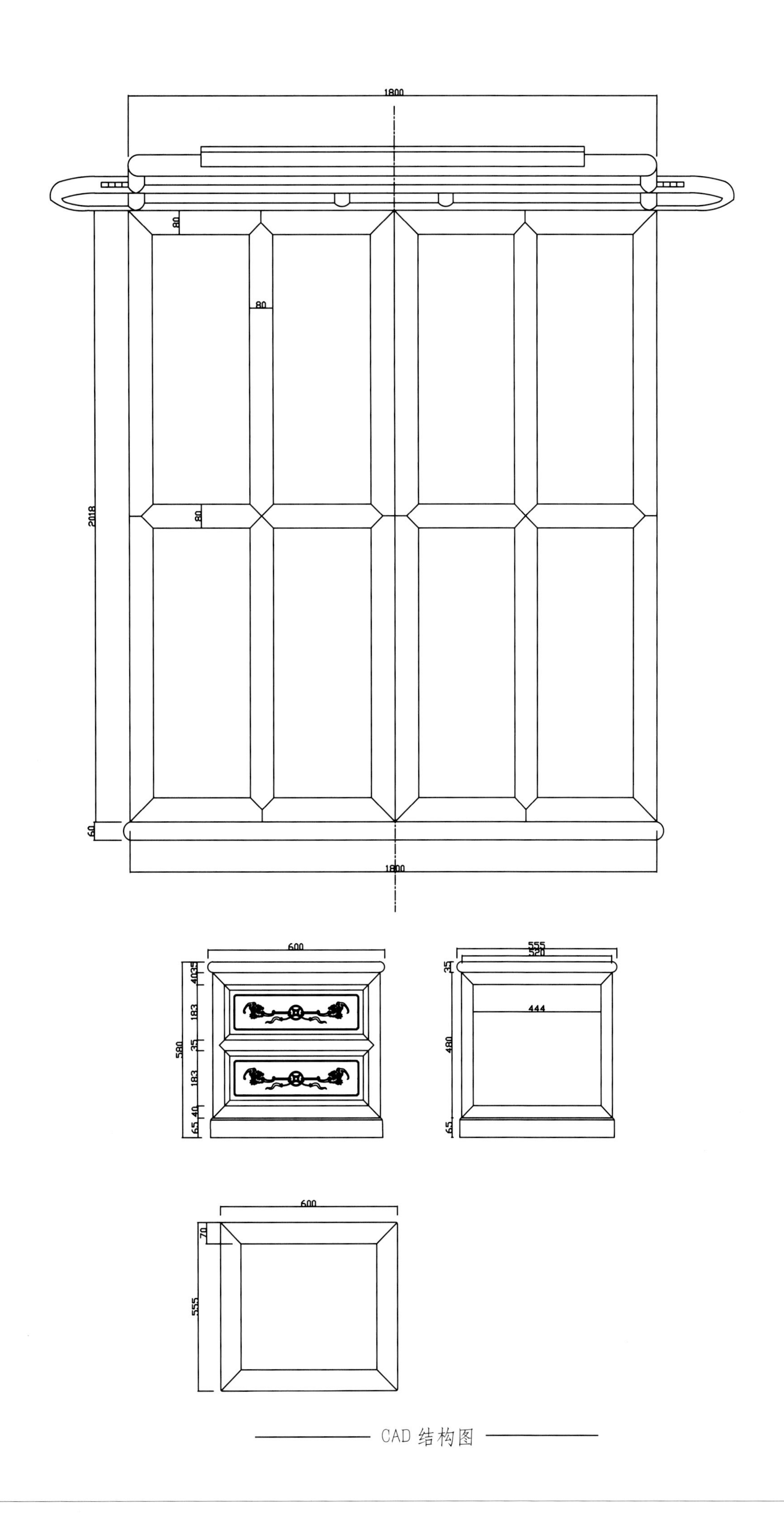
1800
80
80
80
2018
60
1800
600
40
35
183
35
580
183
40
65
555
520
35
444
480
65
600
70
555

CAD 结构图

园 林 大 床

款式点评：

此床床头板方正，靠背板浮雕园林纹式，床板梳条状，床面宽阔，床尾设挡板，挡板光素。床腿较短。床头柜面下有两屉，屉面有铜环拉手，整体大气端庄。

透视图

主视图

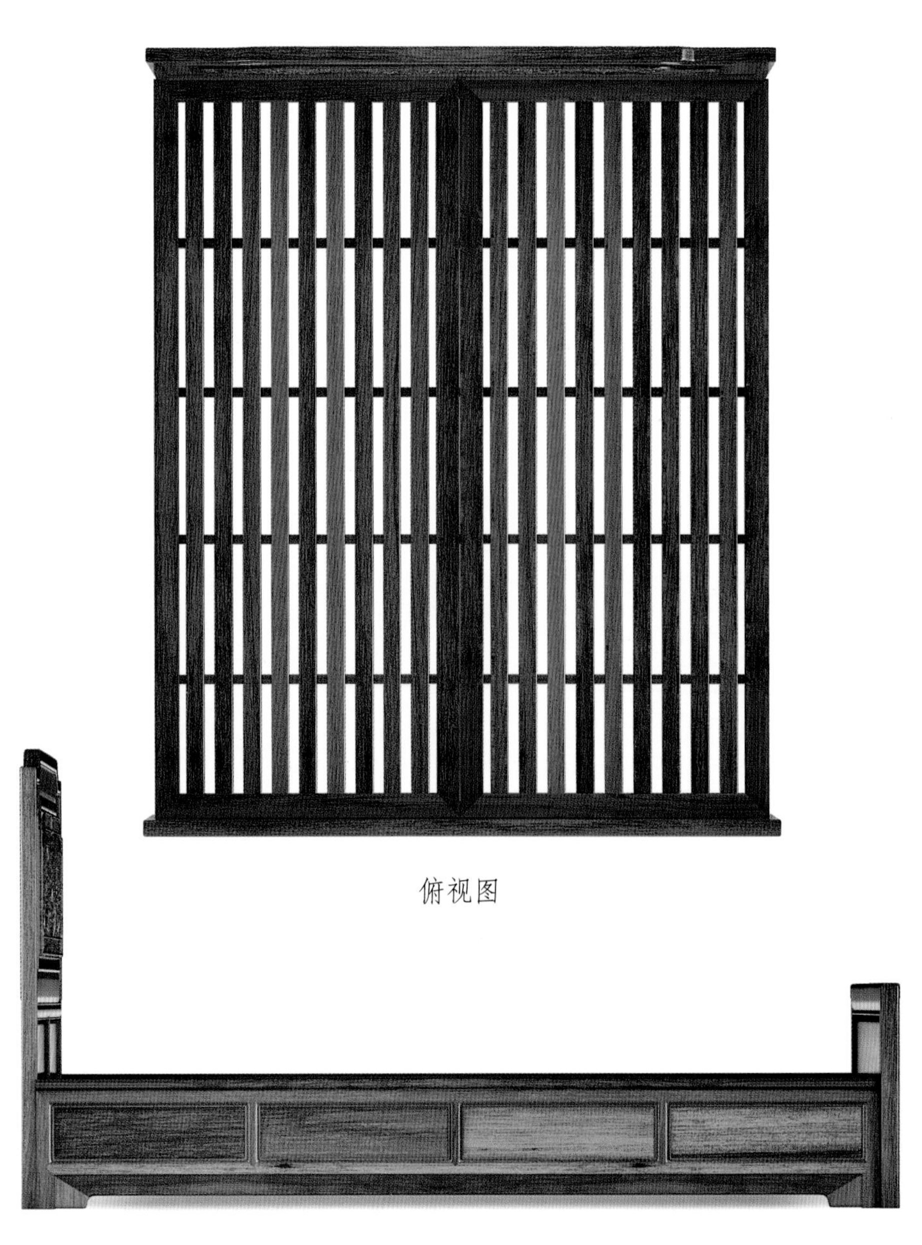

俯视图

侧视图

主视图

侧视图

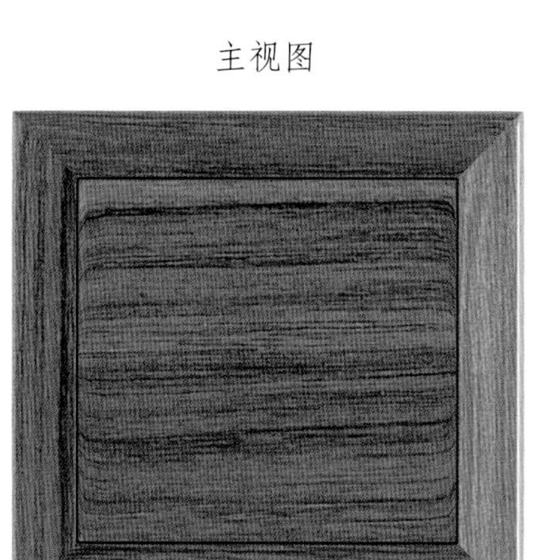

俯视图

透视图

精雕图

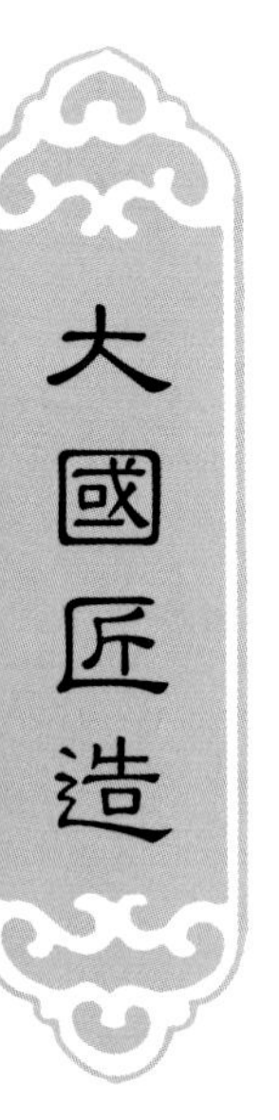

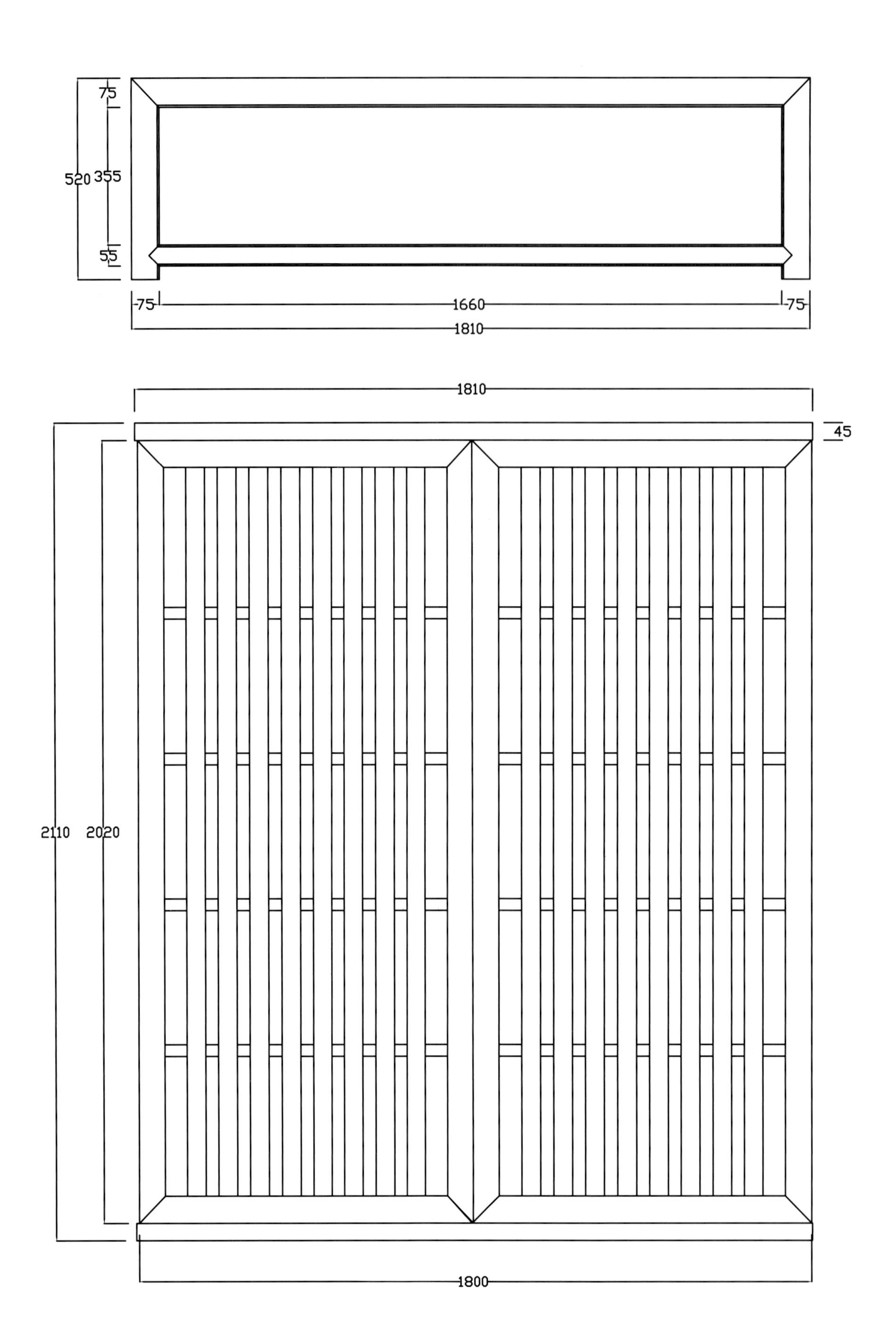

CAD 结构图

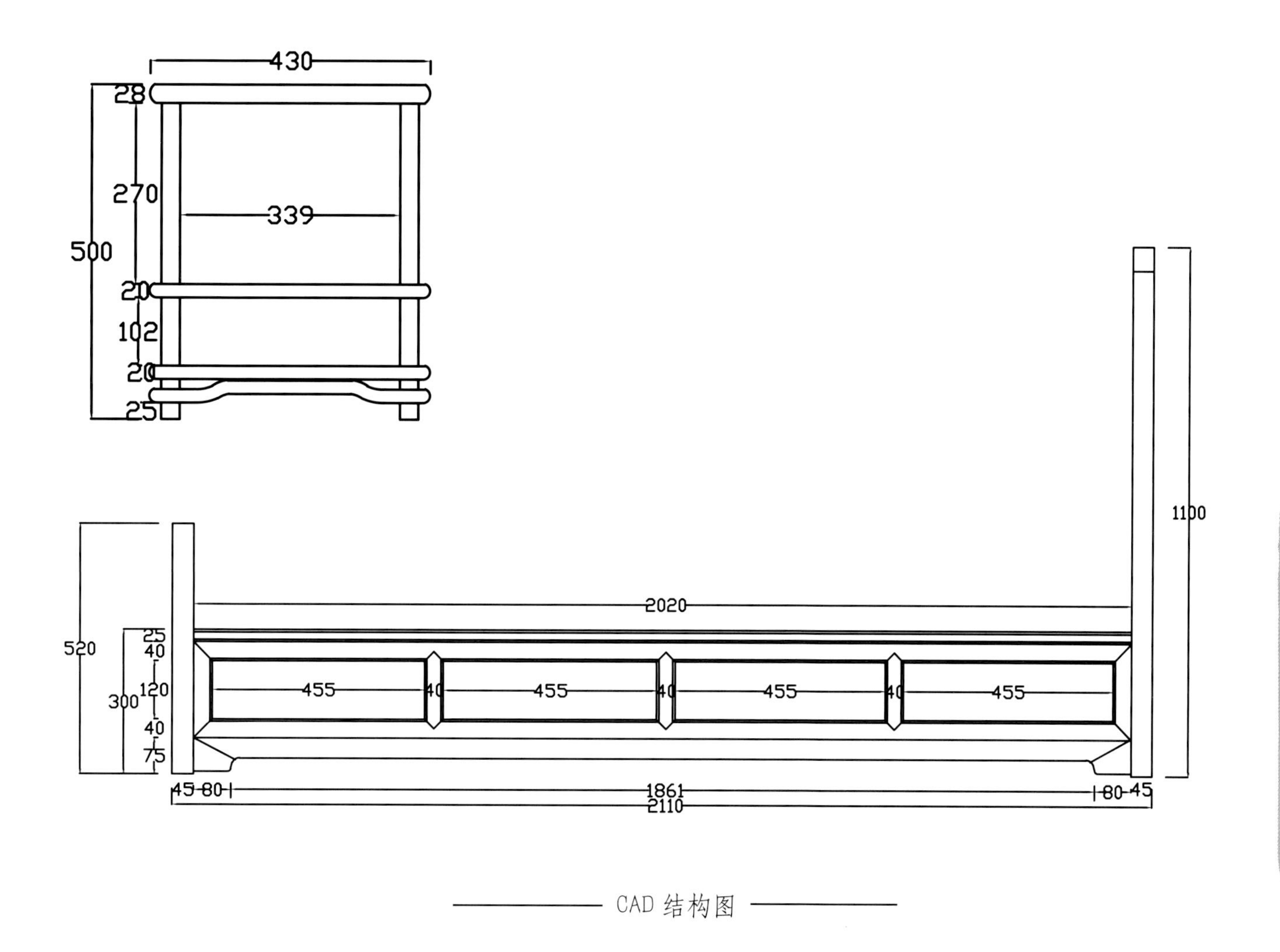
430
28
270
339
500
20
102
20
25
1100
520
2020
25
40
300
120
40
75
455
40
455
40
455
40
455
45
80
1861
80
45
2110

CAD 结构图

富贵大床

款式点评：

此床床头板方正，搭脑处有两向上凸起向后倾斜的头，靠背板上端浮雕纹式，下端镶紫檀木板，光素无雕饰。靠背板两侧另有短板，浮雕五福捧寿纹。床板平直光素，床面宽阔，床尾设挡板。床头柜面下有屉，屉下有柜，屉面柜面浮雕纹式。整体大气豪华。

透视图

主视图

俯视图

侧视图

主视图

侧视图

俯视图

透视图

精雕图

大國匠造

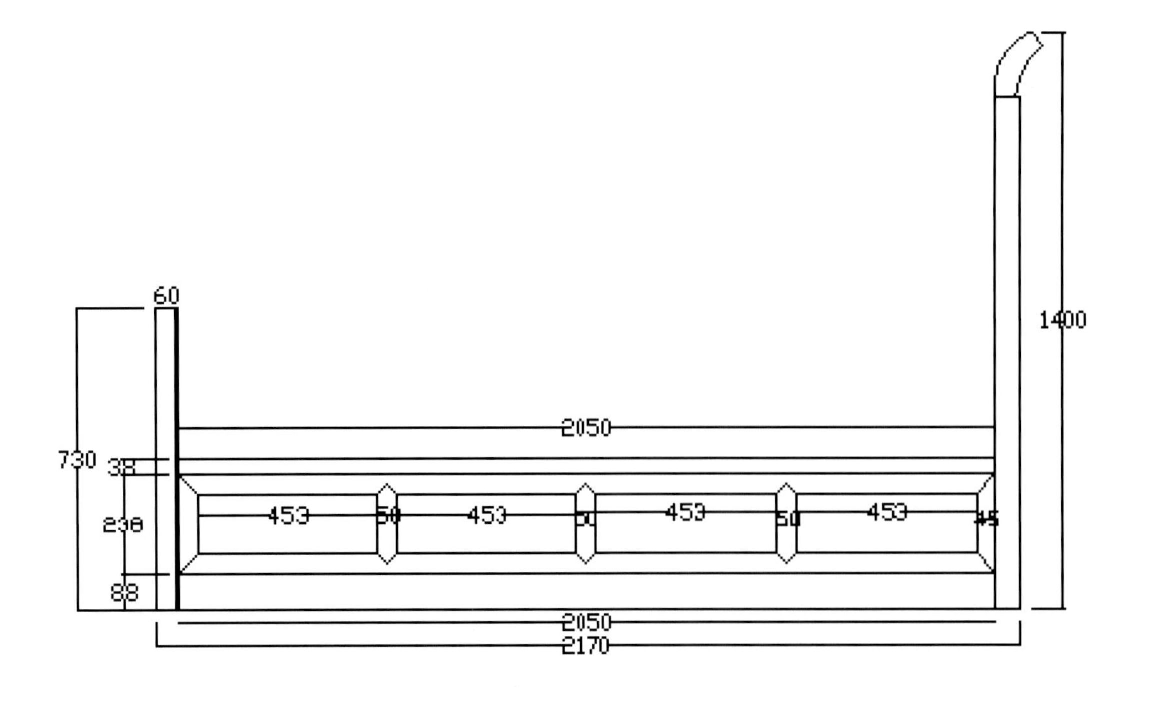
60
730
38
238
88
2050
453
50
453
50
453
50
453
45
1400
2050
2170

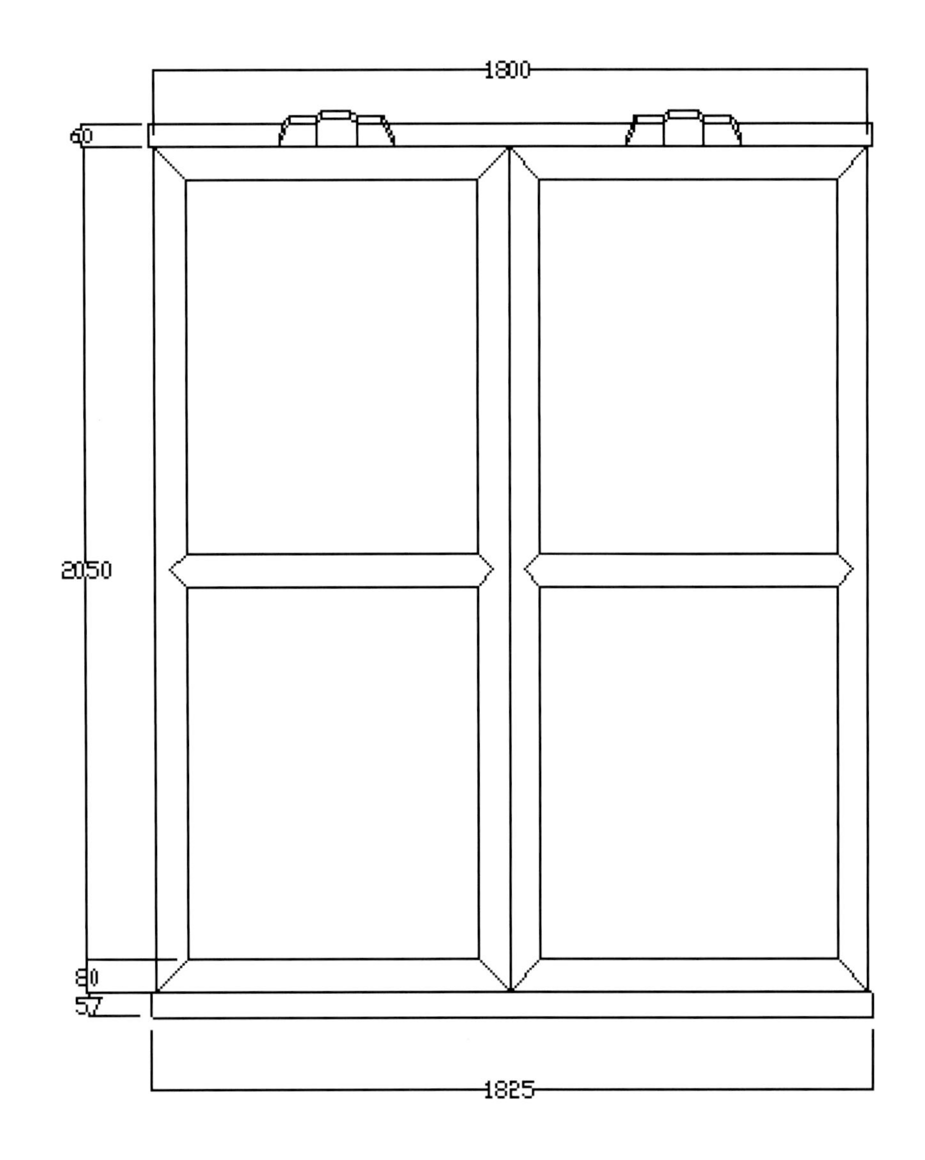
1800
60
2050
80
57
1825

CAD 结构图

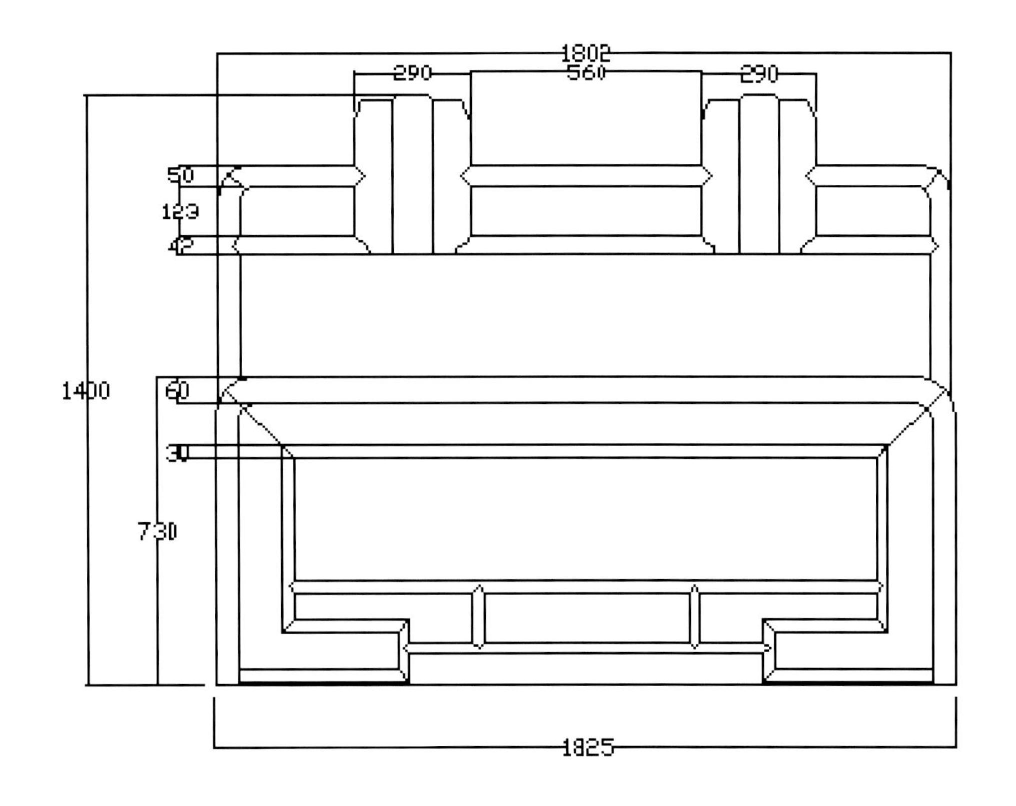
1802
290
560
290
50
129
42
1400
60
30
730
1825

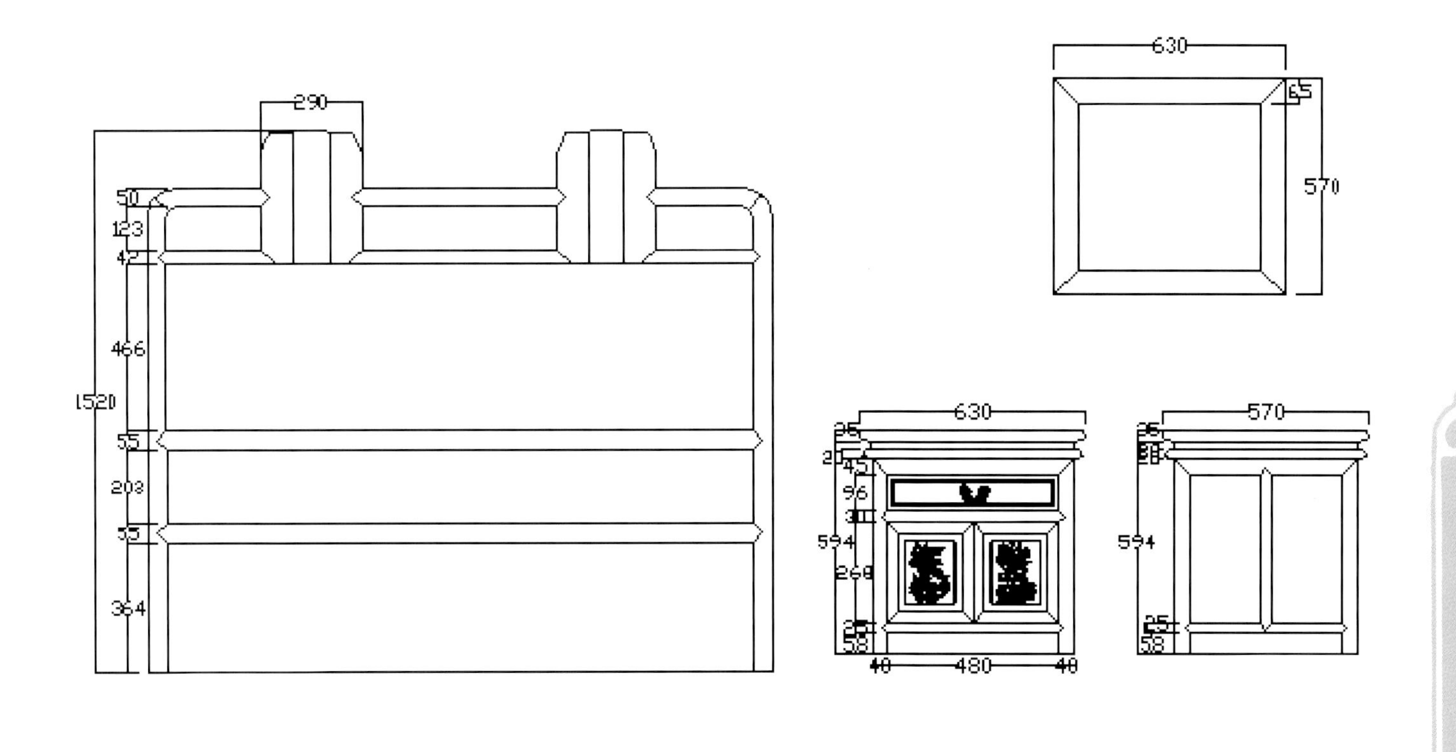
290
50
123
42
466
1520
55
203
55
364
630
65
570
630
594
480
40
40
570
594

CAD 结构图

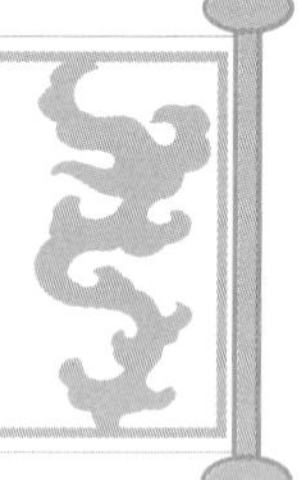

花鸟床

款式点评：

此床床头板方正，靠背板浮雕花鸟纹式，。靠背板两侧另有短板。床板有镂空长孔，床面宽阔，床尾设挡板。挡板呈弧形，浮雕花鸟纹式。床头柜面下有柜，屉面柜面浮雕纹式。整体雕饰精巧华丽。

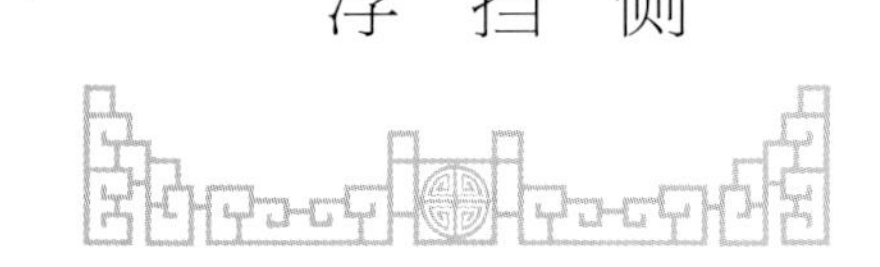

透视图

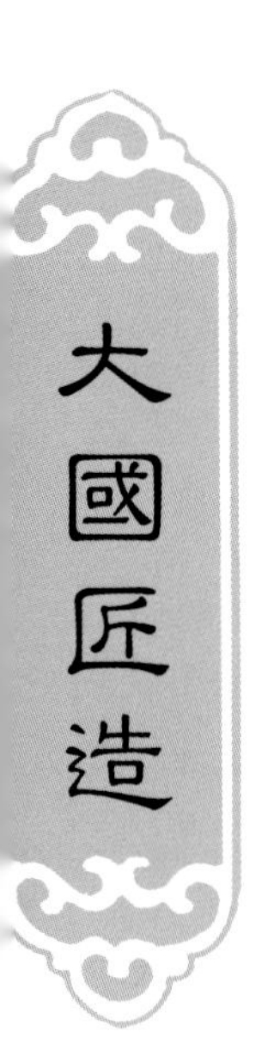

主视图

俯视图

侧视图

主视图

侧视图

俯视图

透视图

精雕图

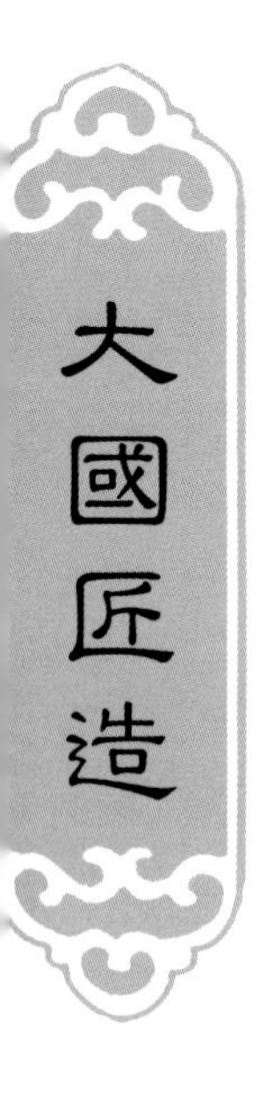
大國匠造

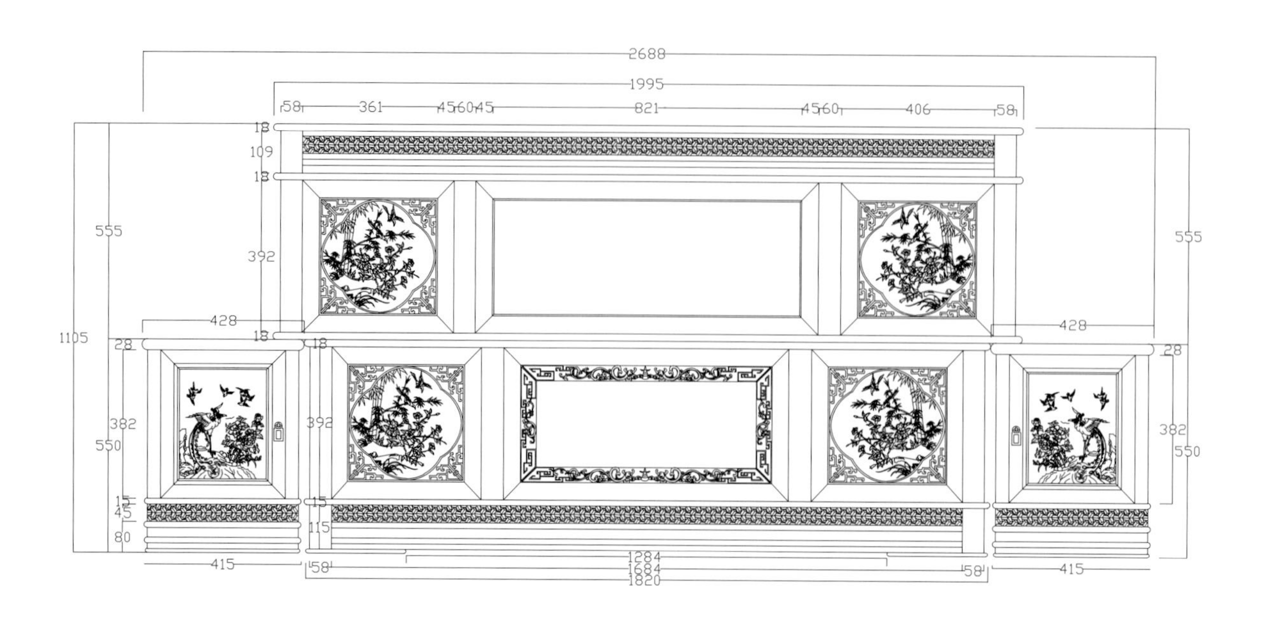
2688
1995
58
361
45
60
45
821
45
60
406
58
18
109
18
555
392
1105
428
18
28
382
550
392
15
45
115
80
415
58
1284
1684
1820

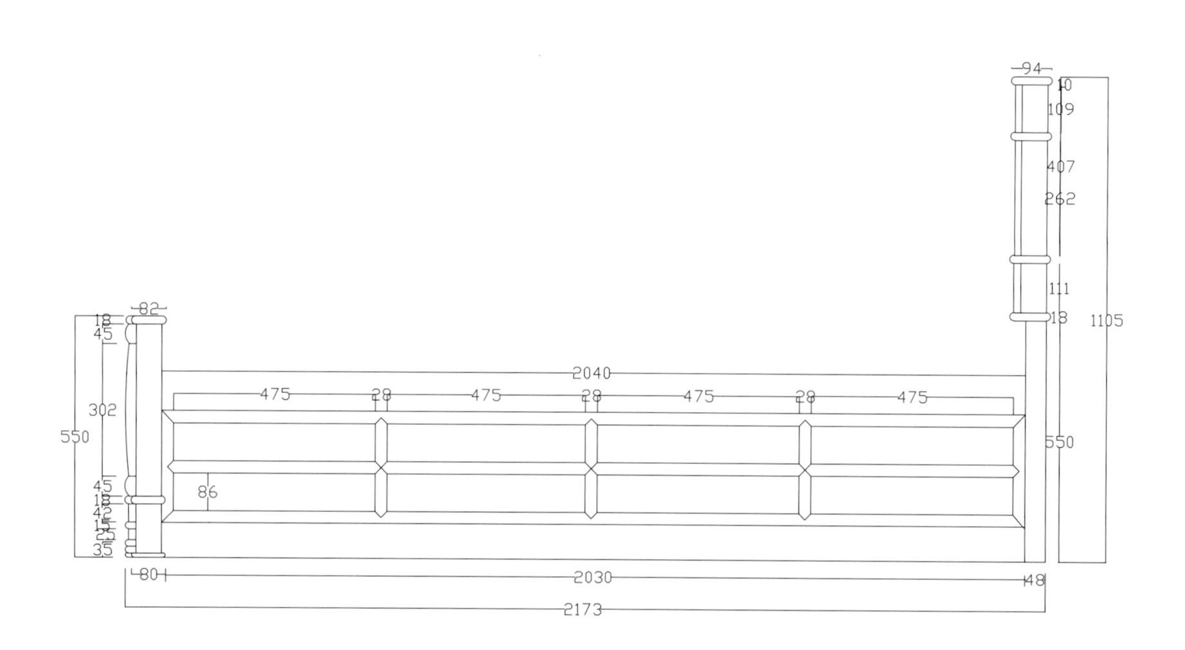
94
10
109
407
262
111
18
1105
82
18
45
302
550
2040
475
28
86
35
80
2030
48
2173

CAD 结构图

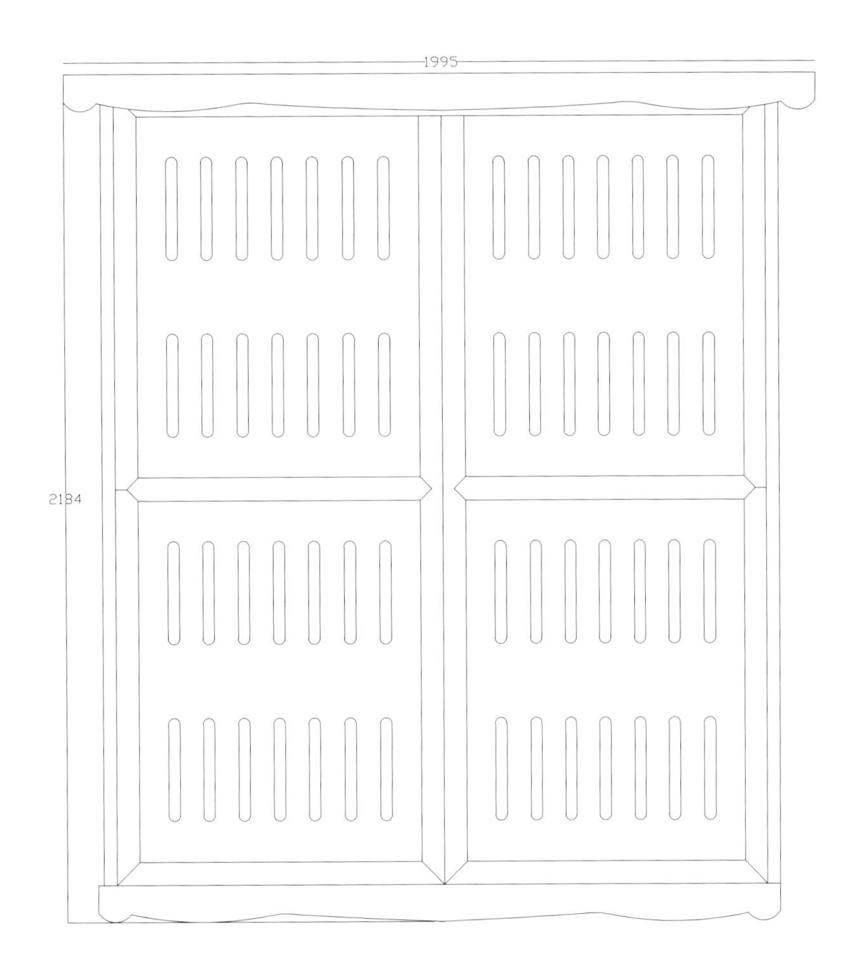
1995
2184

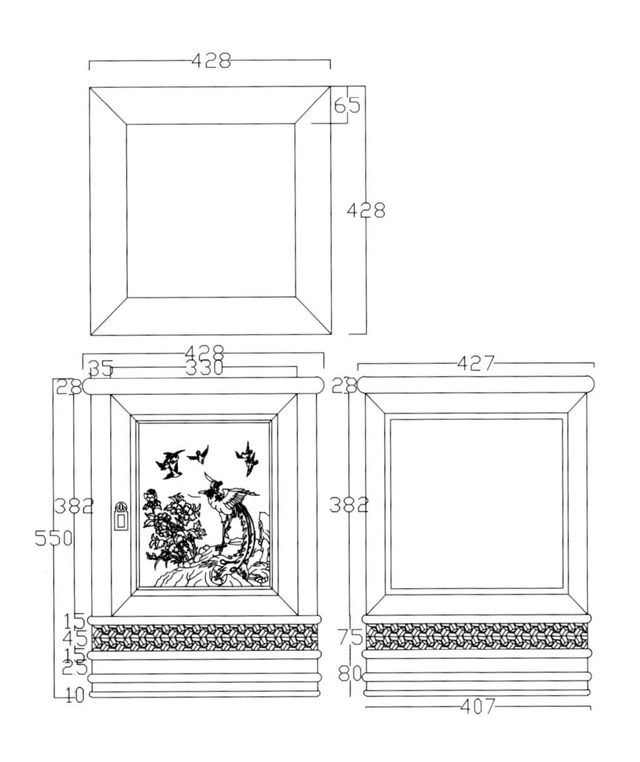
428
65
428
428
35
330
28
382
550
15
45
15
25
10
427
28
382
75
80
407

CAD 结构图

浮雕大床

款式点评：

此床床头板上端浮雕花纹，并有镂空雕饰，侧板浮雕回形纹，靠背板呈弧形，正中浮雕花纹。床体侧面有侧板，侧板浮雕花纹，床尾有挡板，正中浮雕圆形花纹。床头柜面下有两屉，屉面浮雕纹式。整体大气豪华。

透视图

主视图

俯视图

侧视图

透视图

主视图

侧视图

俯视图

透视图

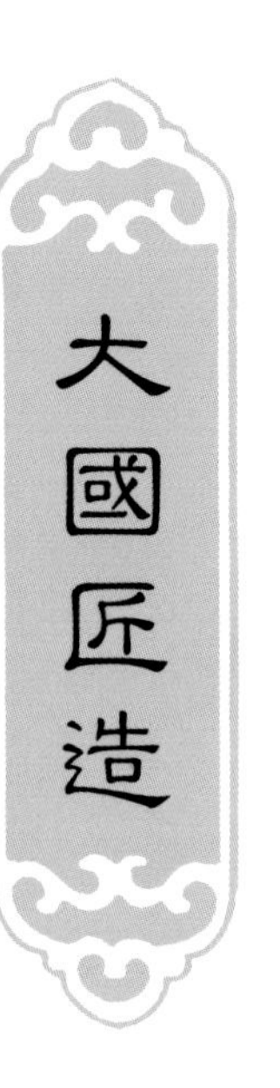
大國匠造

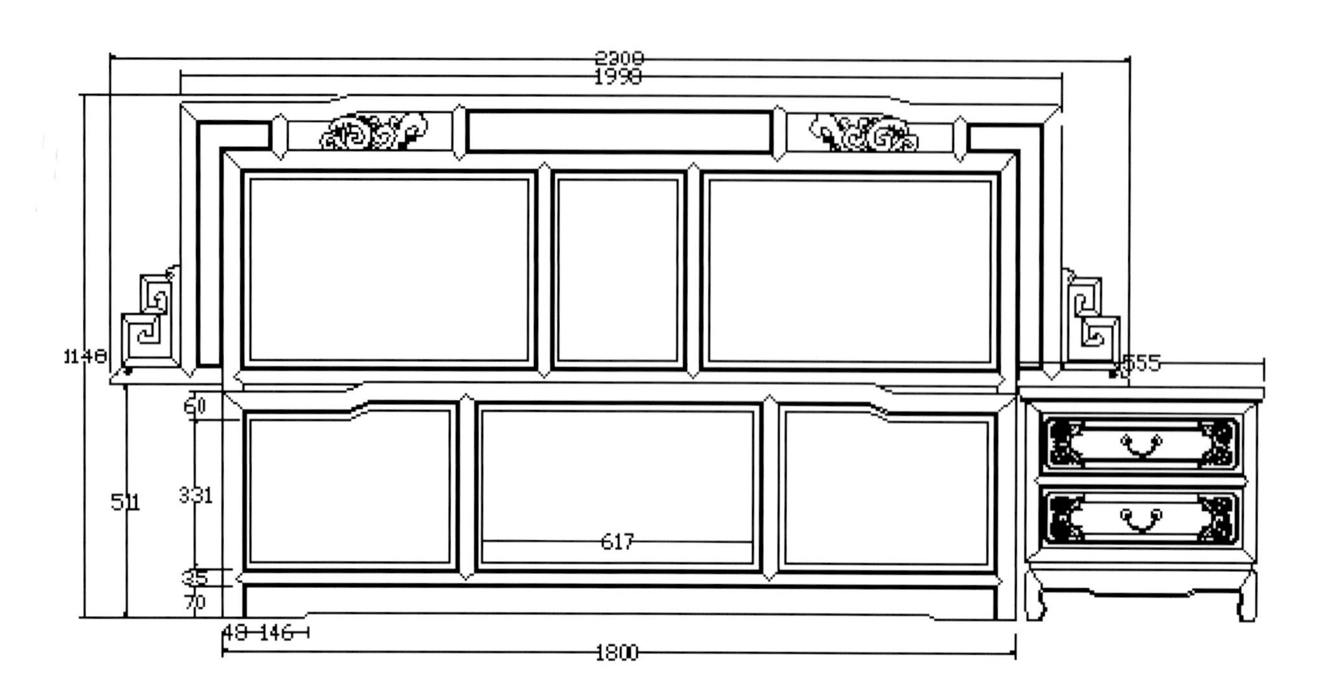
1990
1148
555
60
511
331
617
35
70
48
146
1800

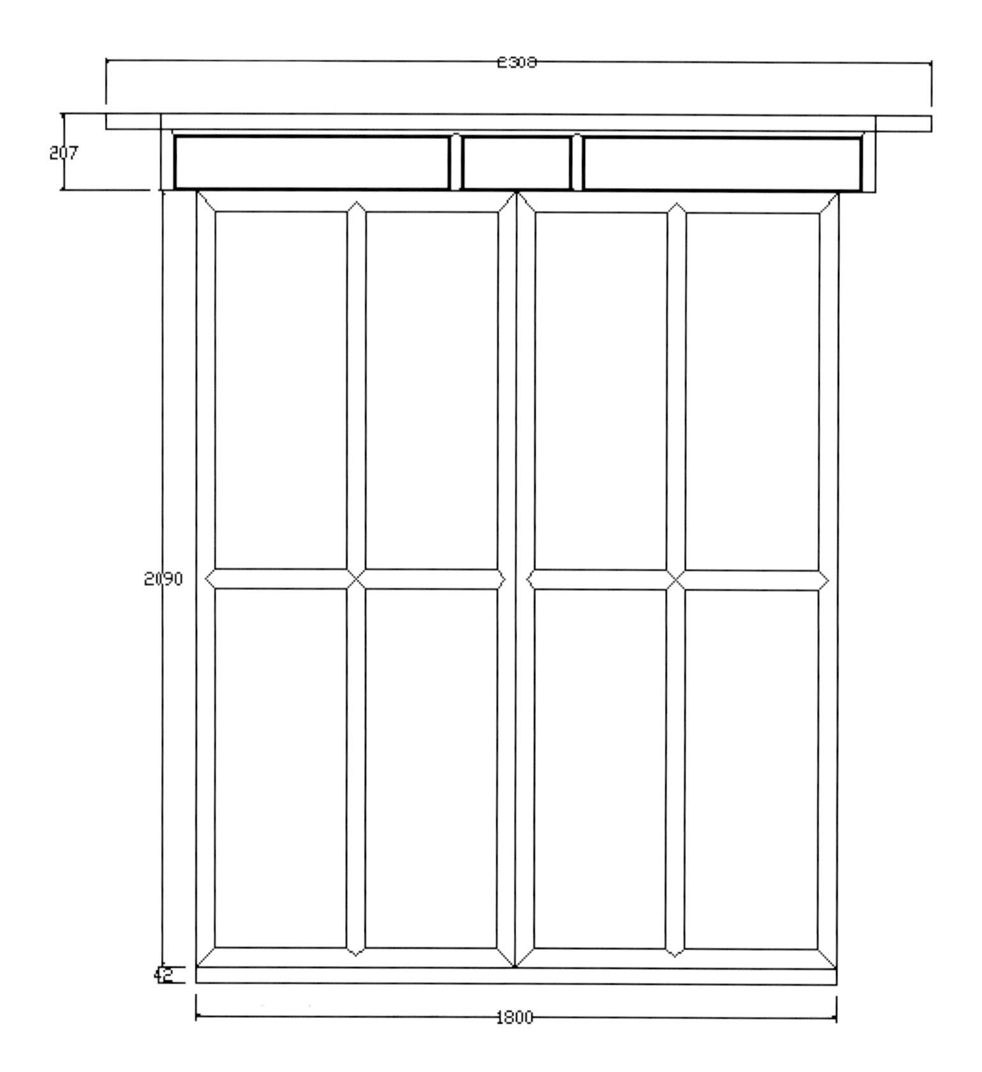
207
2090
42
1800

CAD 结构图

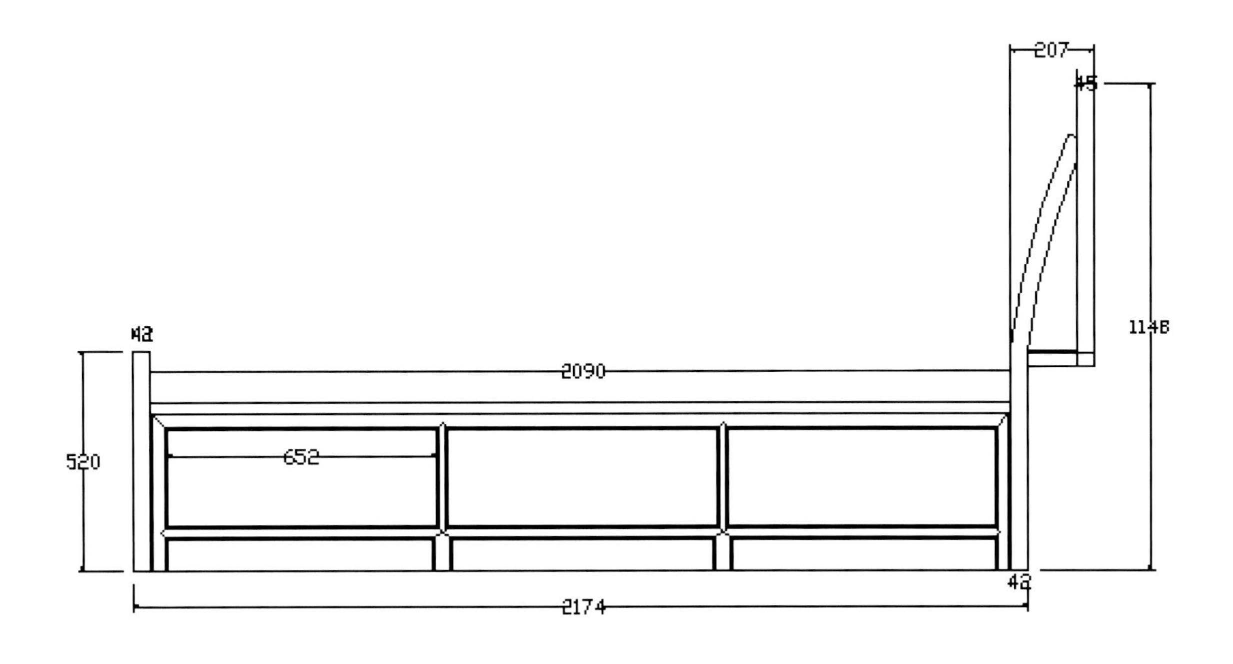
207
45
1148
42
2090
520
652
42
2174

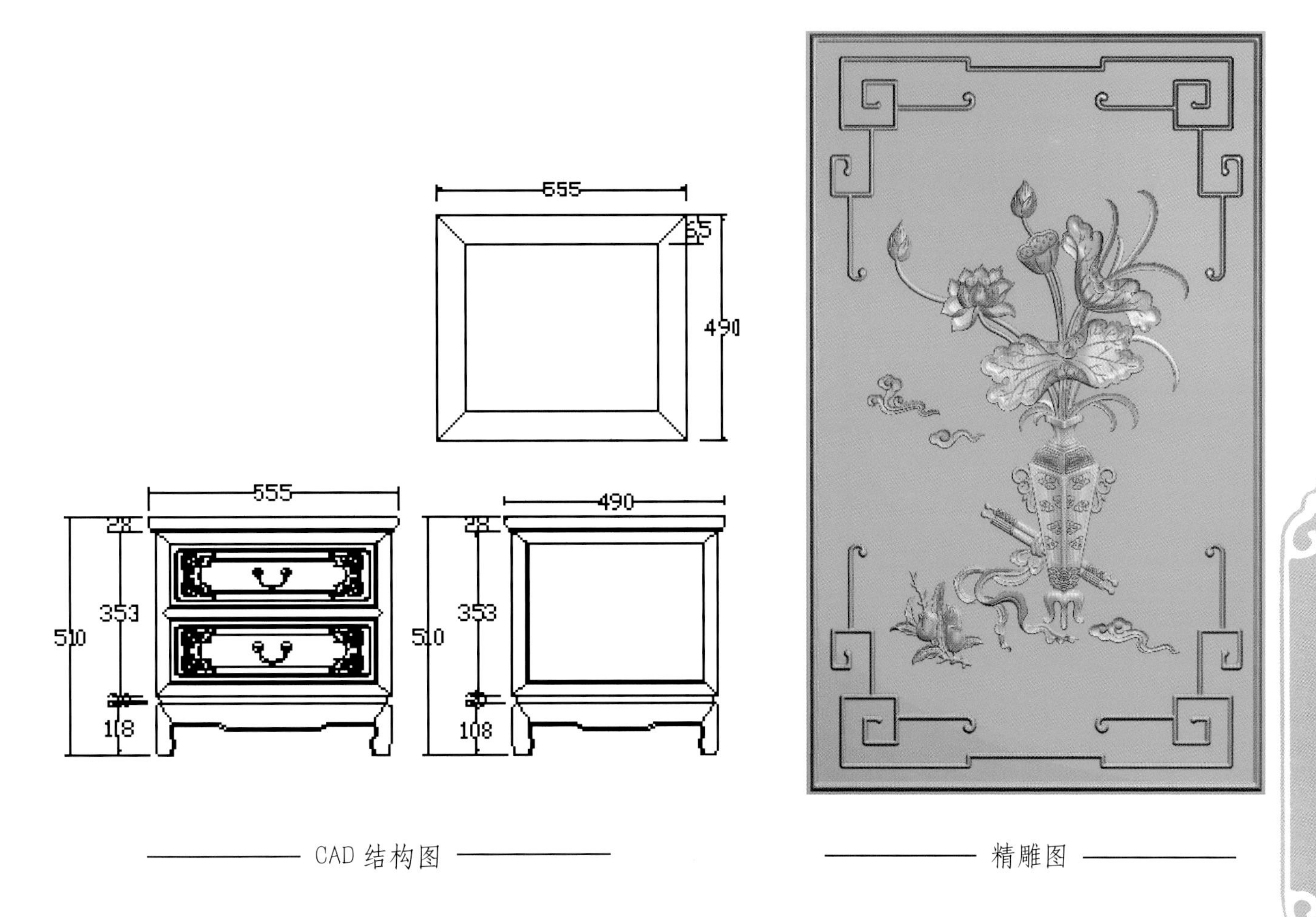
555
35
490
555
490
28
353
510
30
108
28
353
510
30
108

CAD 结构图

精雕图

靠背椅餐台

透视图

款式点评：

此款靠背椅造型简洁大方，采用大红酸枝镶嵌金丝楠木制作而成。此椅搭脑平直，靠背板符合人体生理弯曲，座面颜色与座椅形成反差，圆腿直足，横材与立柱相交的地方，都有角牙支托。

主视图

侧视图

俯视图

透视图

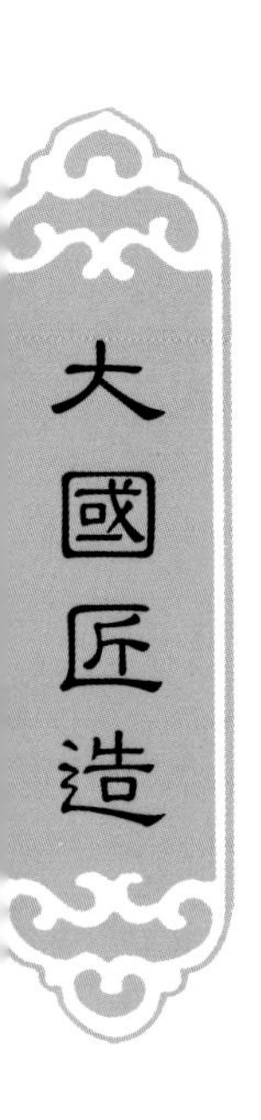

主视图

侧视图

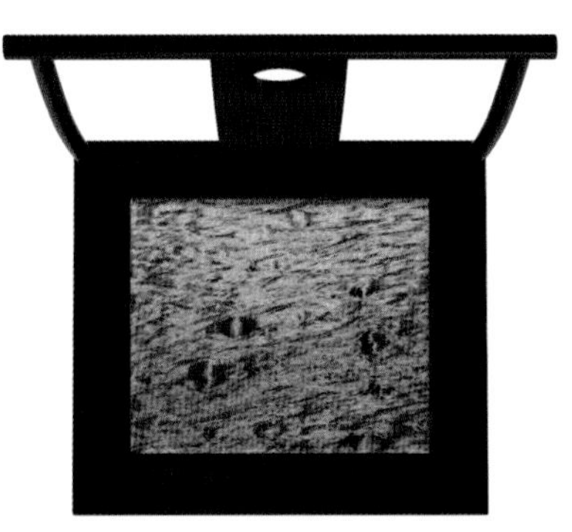
俯视图

透视图

古朴餐台

透视图

款式点评：

此款餐台古朴简洁，桌面平滑，圆腿直足，流线型的牙子为餐台增添了几分灵动，使整体简洁而不简单。

主视图

侧视图

俯视图

透视图

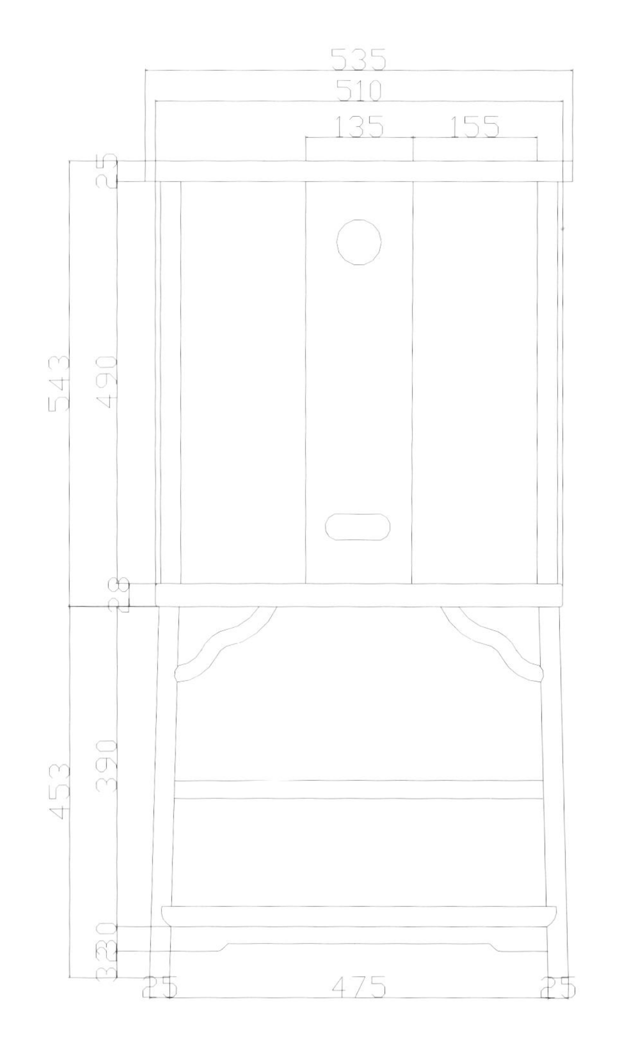

535
510
135
155
25
543
490
28
453
390
25
475
25

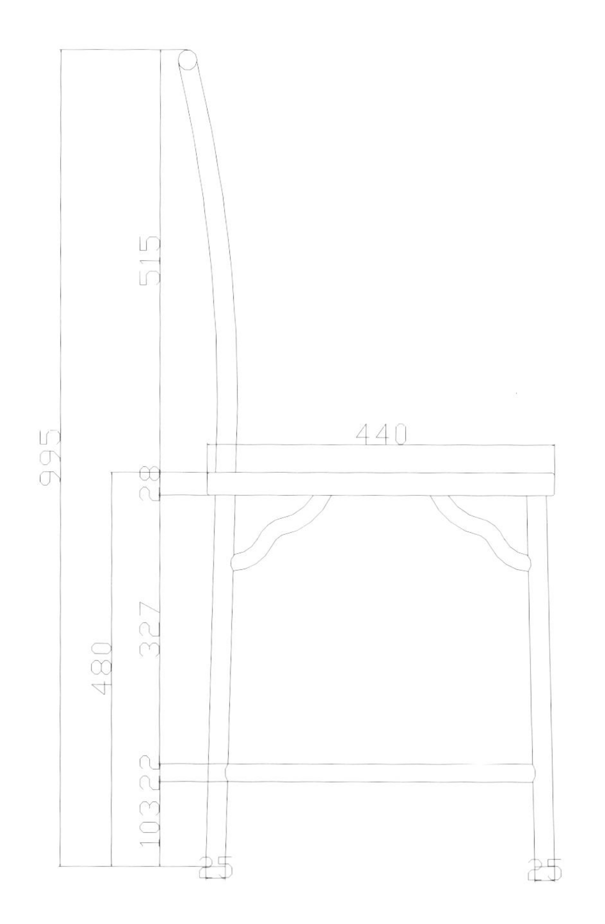

995
515
440
28
480
327
25
25

CAD 结构图

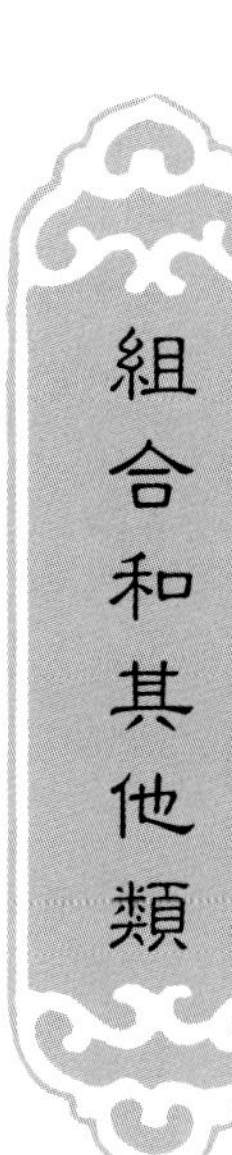

組合和其他類

八 宝 餐 台

透视图

款式点评：

此款餐台腿造型独特，四腿呈外八字型，腿间有横板相连以便盛放物品，桌面平整光滑，桌面侧檐有菱形块雕纹样式。配套座椅主要由细圆木组合合成，搭脑造型简单与椅背浑然一体，扶手的镰刀把伸展与四足相连，中间有花样雕纹，不仅增添了座椅的稳固性，更使整套家具充满灵气。

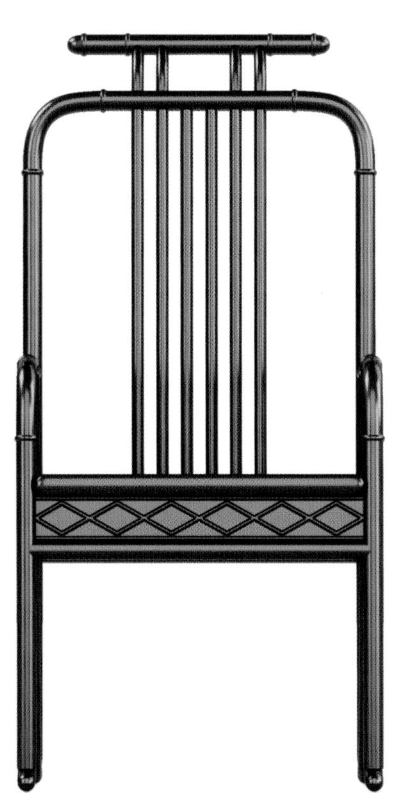
主视图

侧视图

俯视图

透视图

主视图

侧视图

俯视图

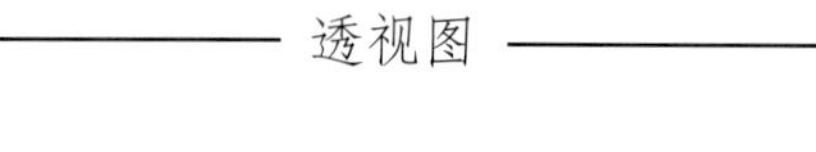

透视图

精雕图

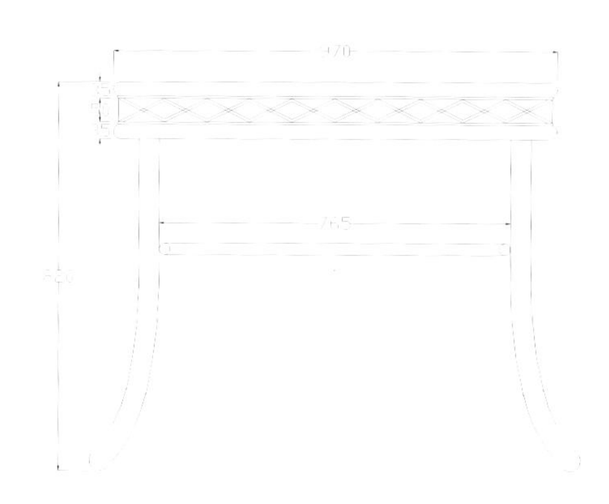

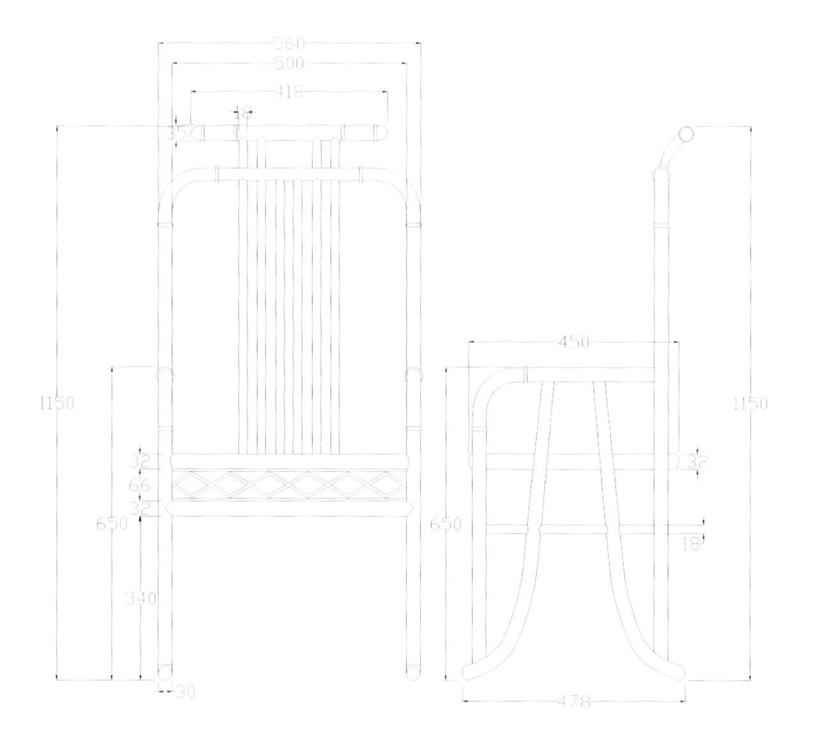
560
500
418
35
18
1150
32
66
32
650
340
30
450
1150
32
650
18
478

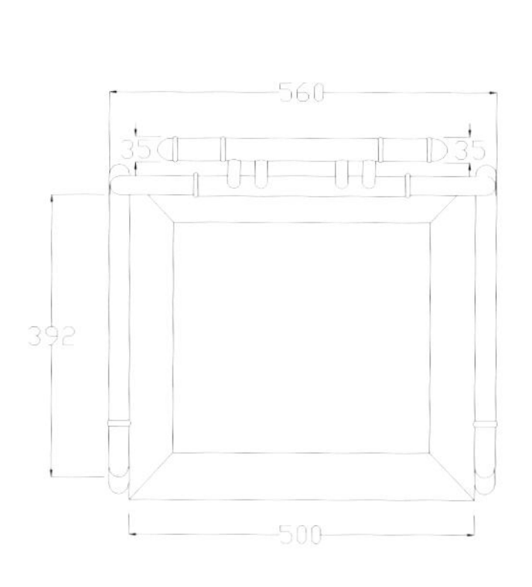
560
35
35
392
500

CAD 结构图

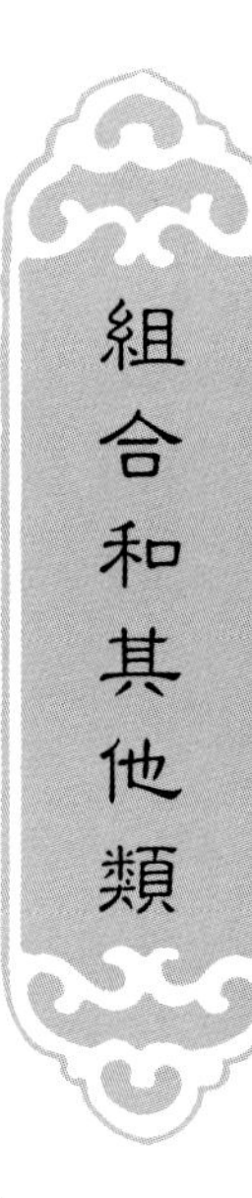
組合和其他類

梅兰竹菊餐台

透视图

款式点评：

此餐台给人以方正沉稳之感，台面光素呈正方形，牙板以梅兰竹菊纹装饰，方腿直足，内翻马蹄足。椅背、扶手曲线柔和自然，凳面与四腿间以罗锅枨加矮老做支撑连接，圆腿直足简洁大方。

主视图

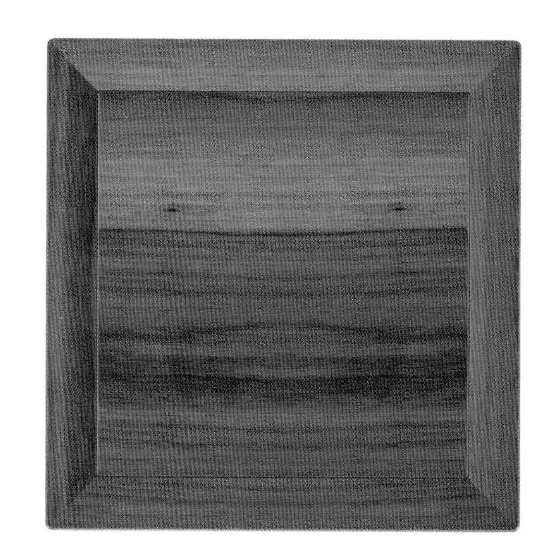

侧视图

透视图

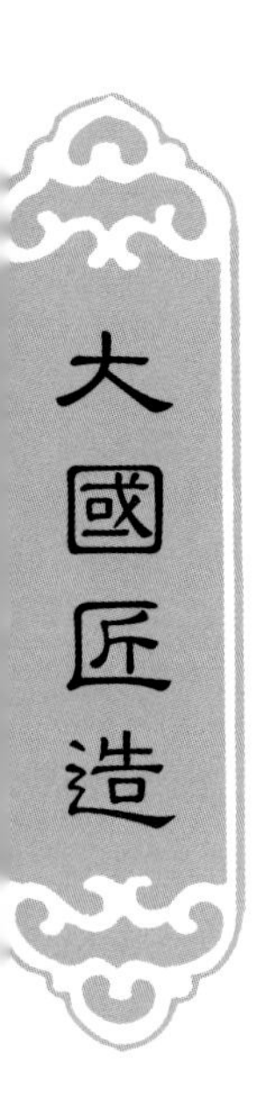

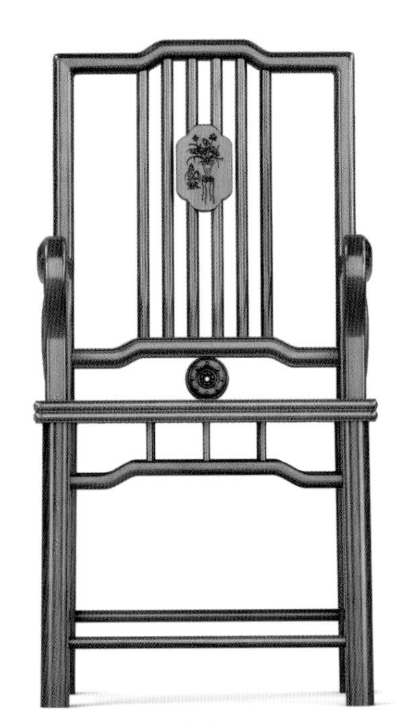

主视图

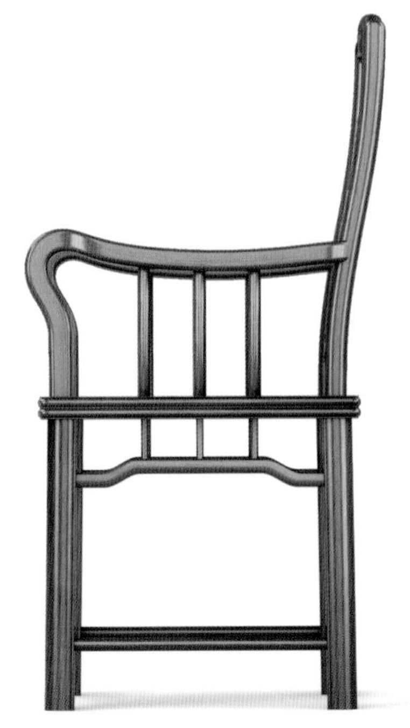

侧视图

俯视图

透视图

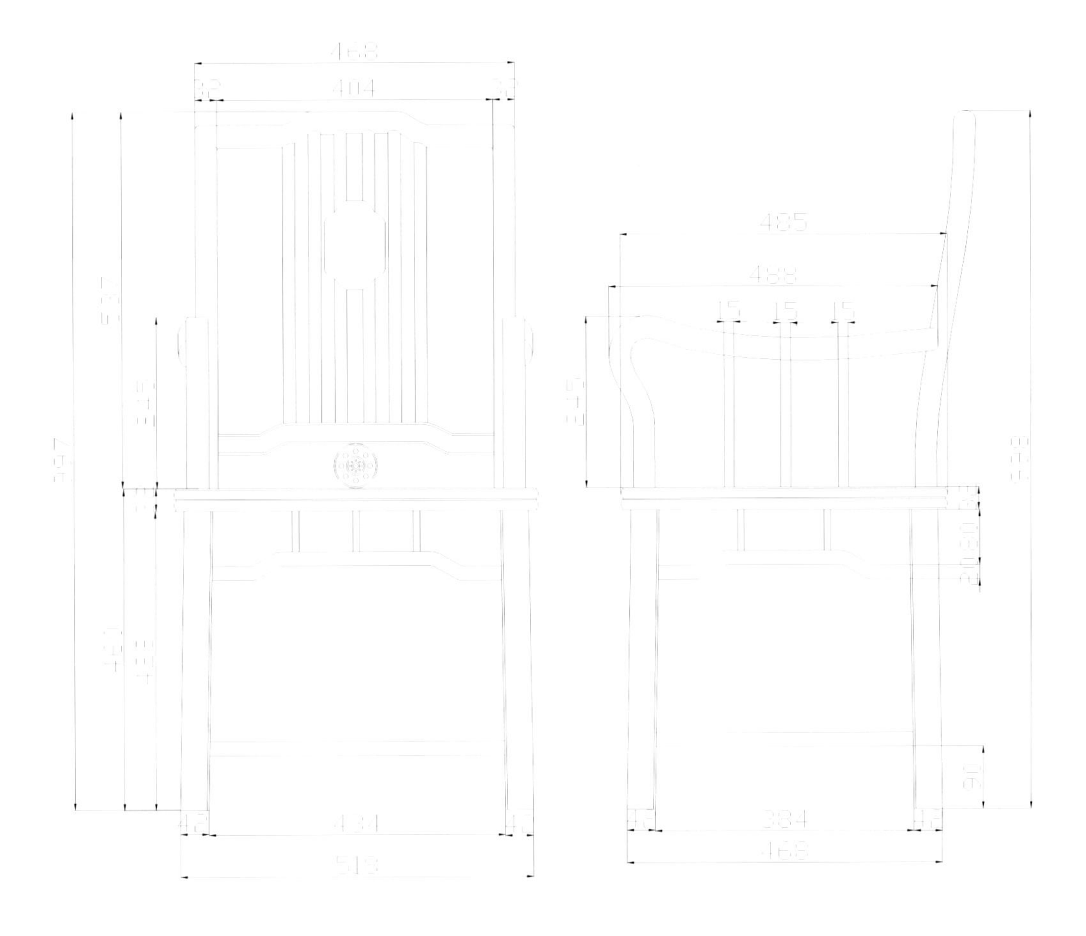

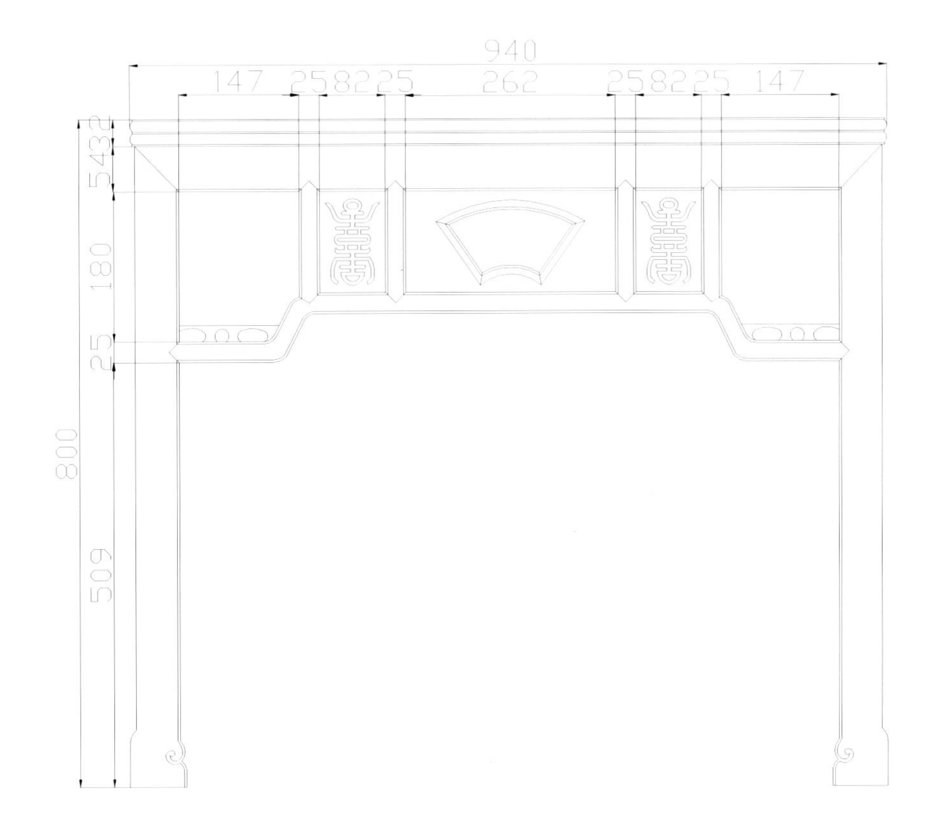

CAD 结构图

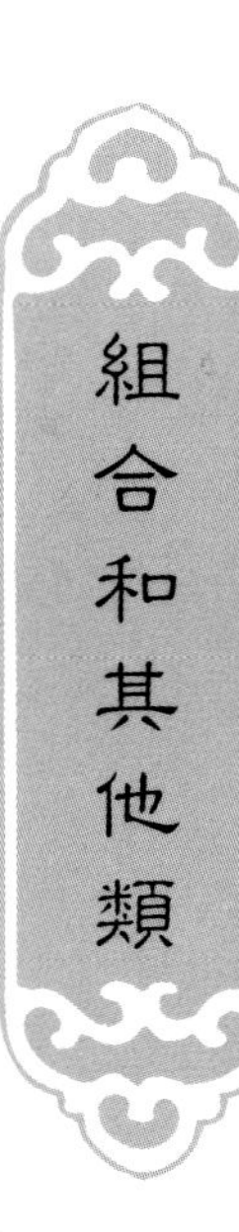

拐 脚 餐 台

透视图

款式点评：

此餐台呈正方形，小巧轻便，餐桌与座椅均为外八字型腿。桌面光素，牙板牙头雕刻花纹，下以罗锅枨做支撑连接，圆腿外撇。配套座椅有背无扶手，四腿间以罗锅枨加矮老相连。圆腿外撇与餐桌呼应。

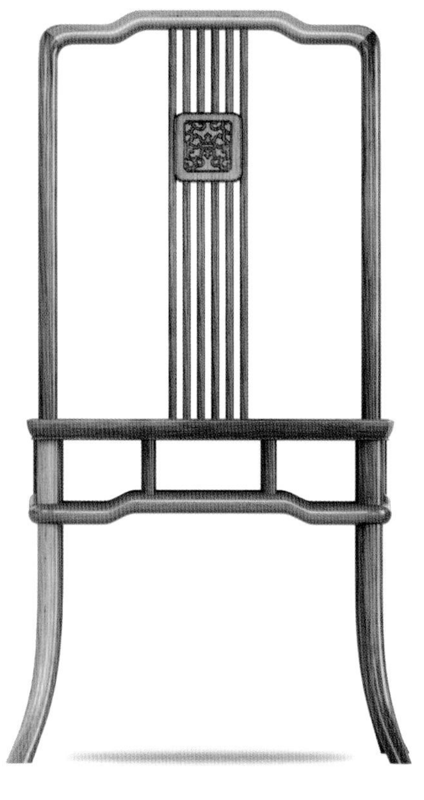

主视图

侧视图

俯视图

精雕图

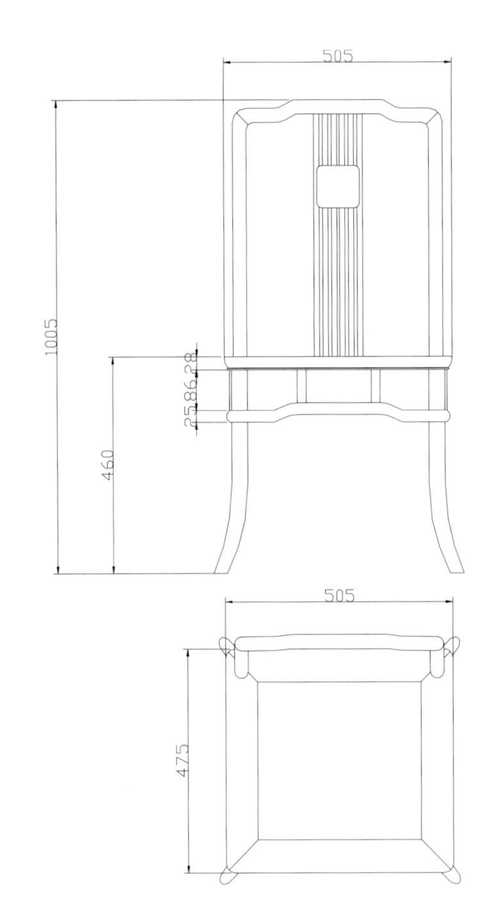

CAD 结构图

透视图

透视图

俯视图

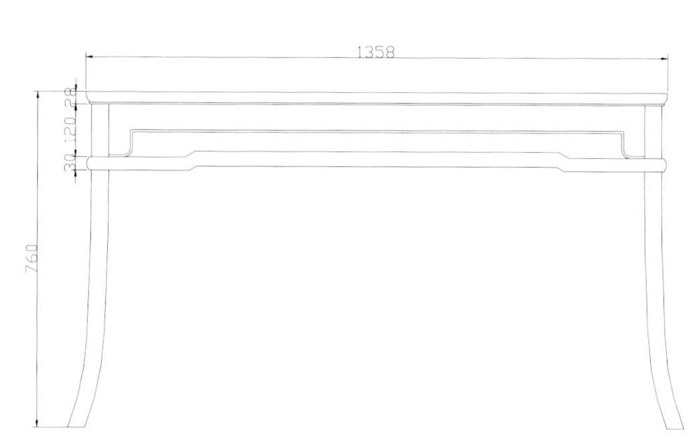

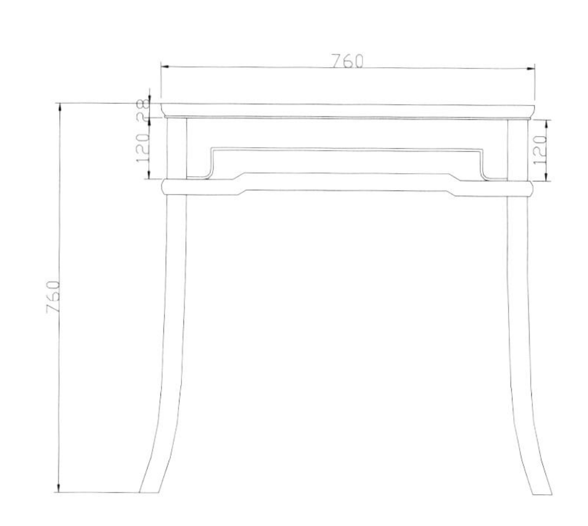

CAD 结构图

餐　台　组　合

透视图

款式点评：

此款餐台造型灵动大气，平整光素的长方形桌面，下以罗锅枨和矮老作为支撑连接，圆腿八字形外撇。配套座椅椅背外框圆滑，背靠板雕有精美纹样，椅面下圆腿外撇，腿间以罗锅枨和矮老作为连接。

主视图　　侧视图

俯视图

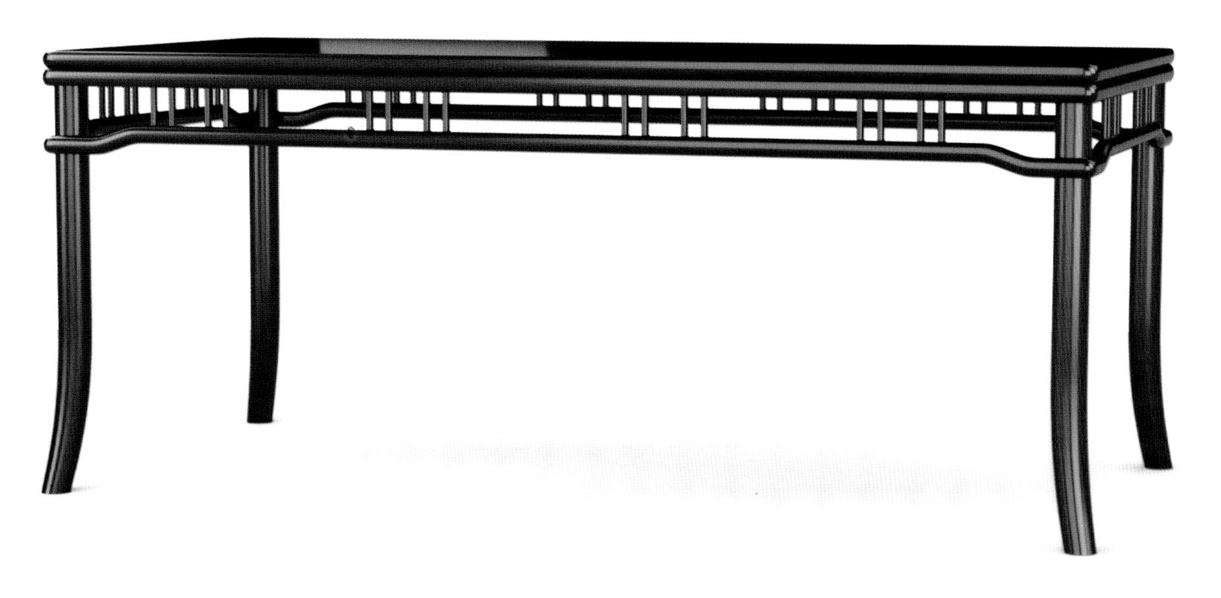

透视图

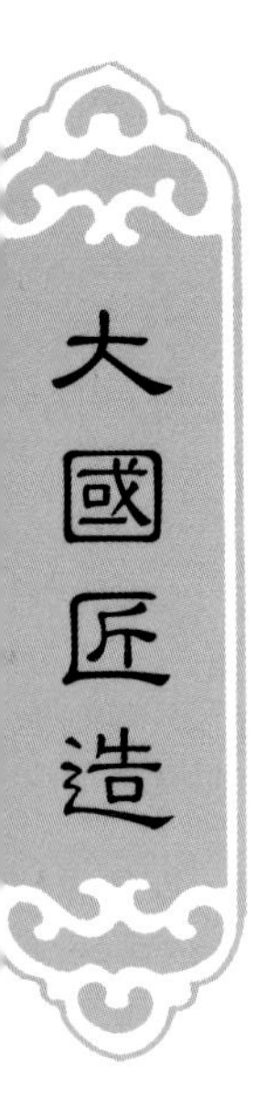

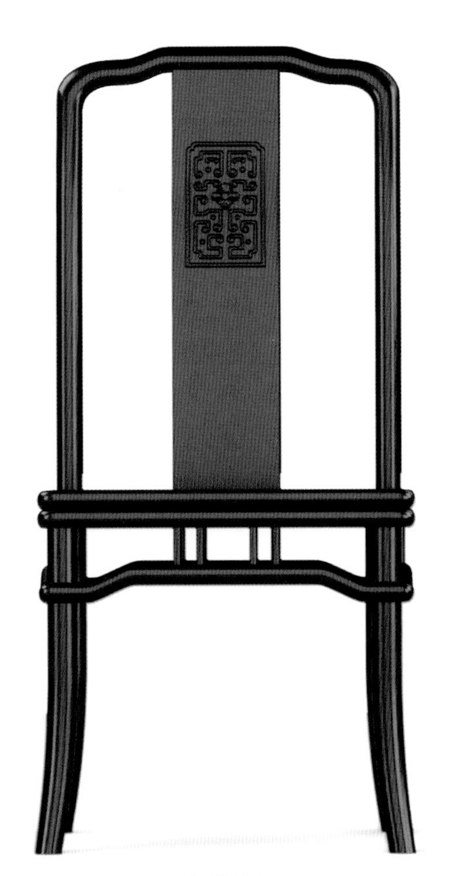

主视图

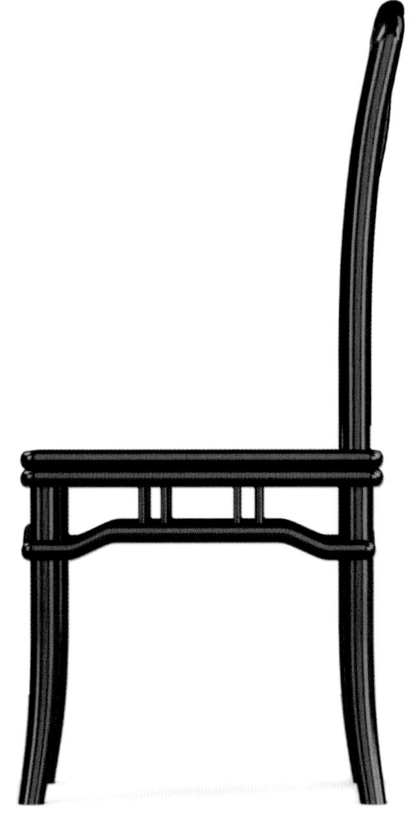

侧视图

俯视图

精雕图

透视图

CAD 结构图

镶嵌金丝楠圆桌

透视图

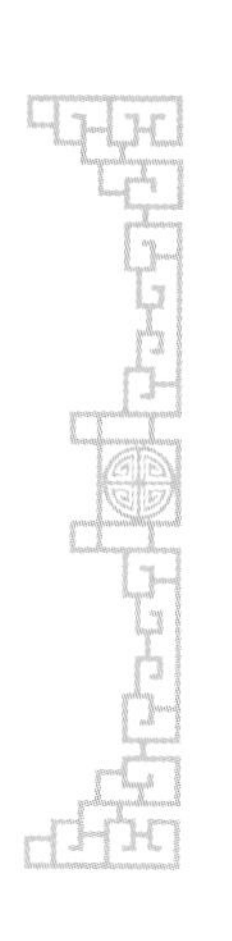

款式点评：

此款圆桌造型圆润，极具张力，桌面和凳面均镶嵌金丝楠水波纹木板，彭牙彭腿，腿间以如意花纹相连接，下设拖泥，拖泥承如意型拖泥脚。

主视图

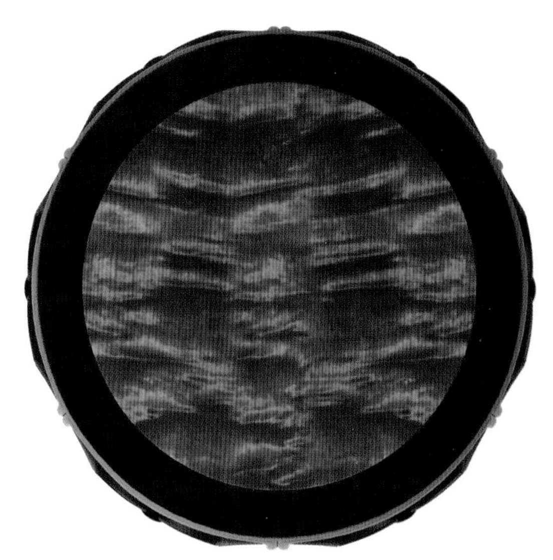

俯视图

透视图

主视图

透视图

俯视图

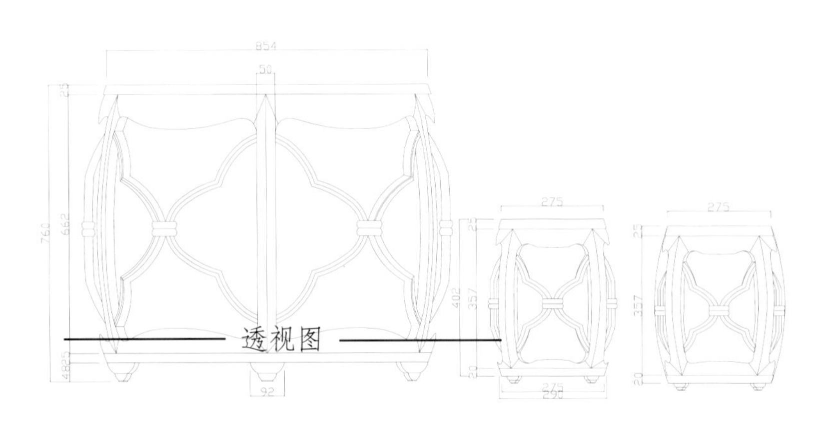

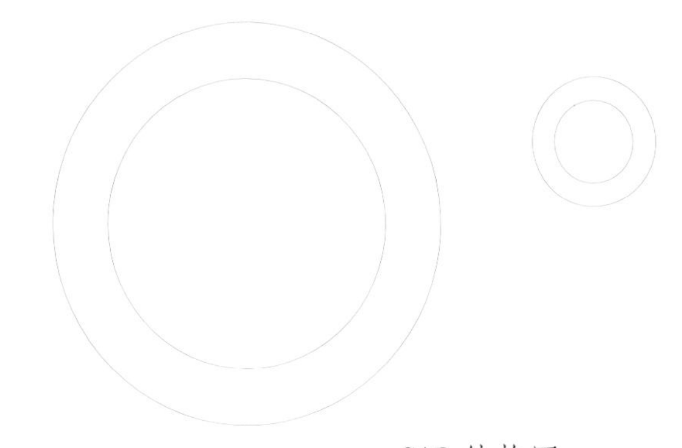

CAD 结构图

方　桌

透视图

款式点评：

此款方桌充满民族韵味，方桌方凳，凳面镶嵌金丝楠水波纹木板，高束腰、彭牙透雕如意造型，三弯腿，四足外翻呈如意型，下设拖泥脚。

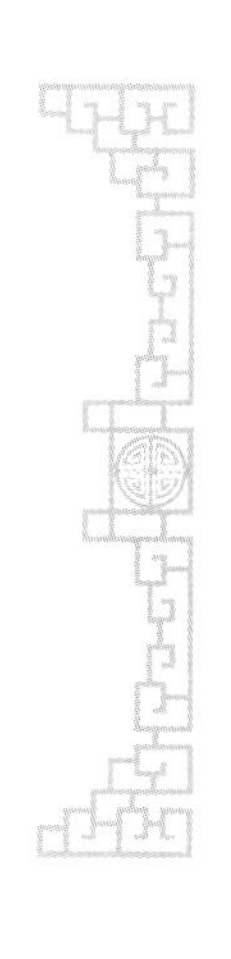

主视图

俯视图

透视图

主视图

透视图

俯视图

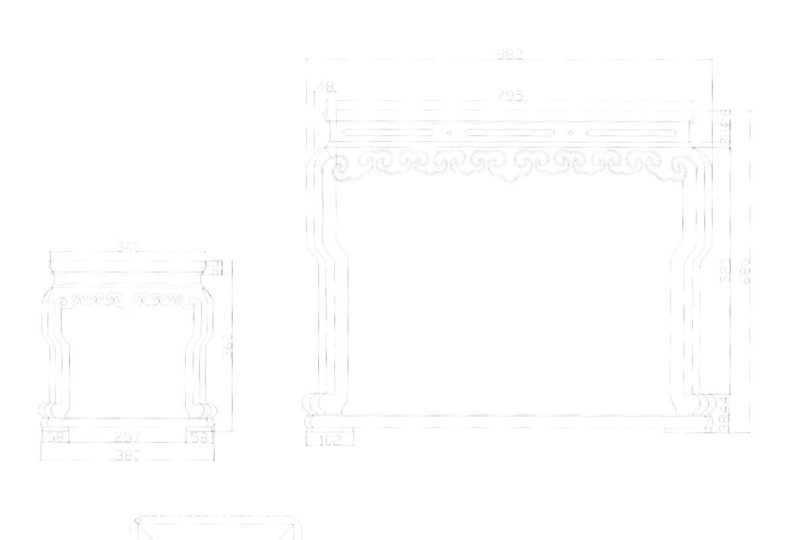

CAD 结构图

镶嵌金丝楠方桌

透视图

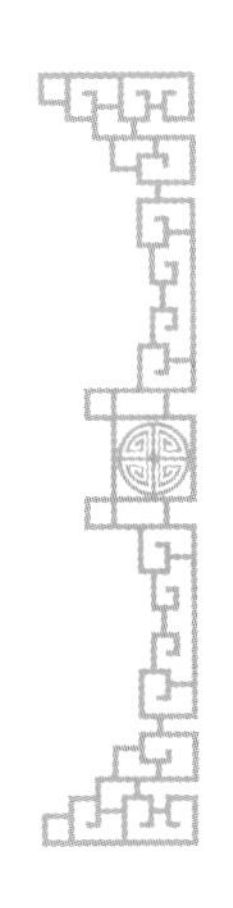

款式点评：

此款方桌造型简单大方，桌面凳面镶嵌金丝楠水波纹木板，下有罗锅枨做牙头支撑，方腿直足，脚呈马蹄形。矮凳与桌配套呼应，腿间有枨相连。

主视图

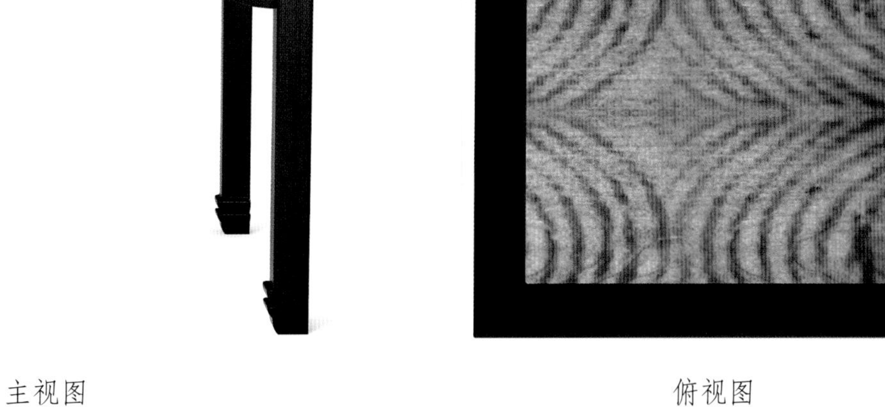

俯视图

透视图

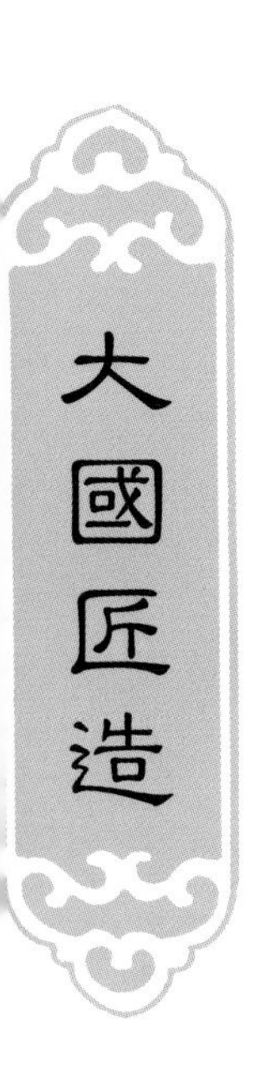

主视图

俯视图

透视图

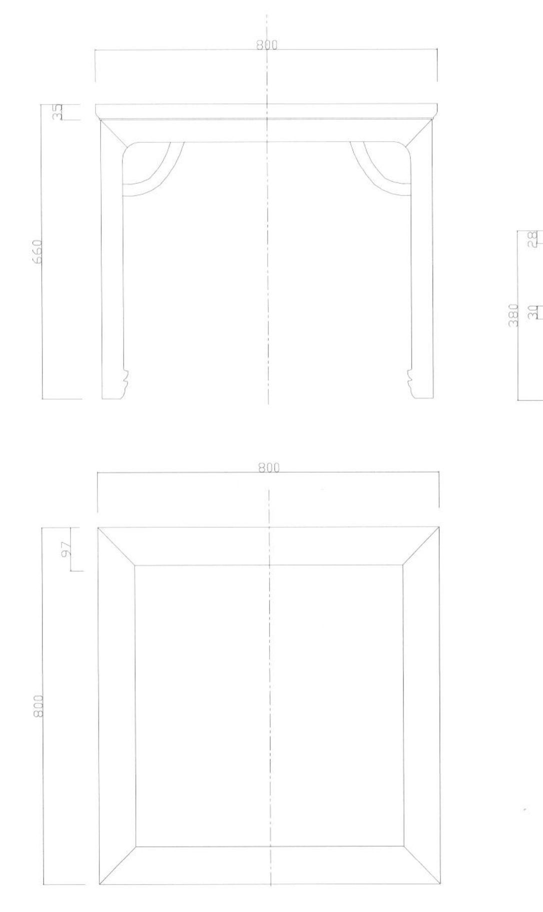

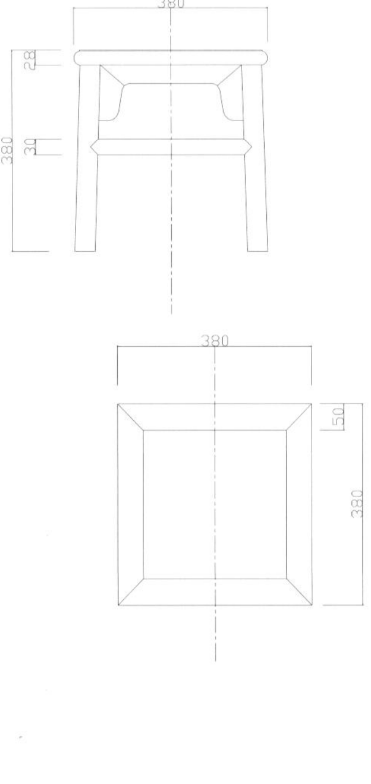

CAD 结构图

屏风写字台五件套

透视图

款式点评：

该五件套古朴美观，四扇屏风中间为光滑竖板，四周以万字纹连接边框，短足方正，以雕花牙板做为连接。写字台台面下卷与牙条、牙头浑然一体，雕工精美细腻。虎腿外翻，四足圆润饱满。

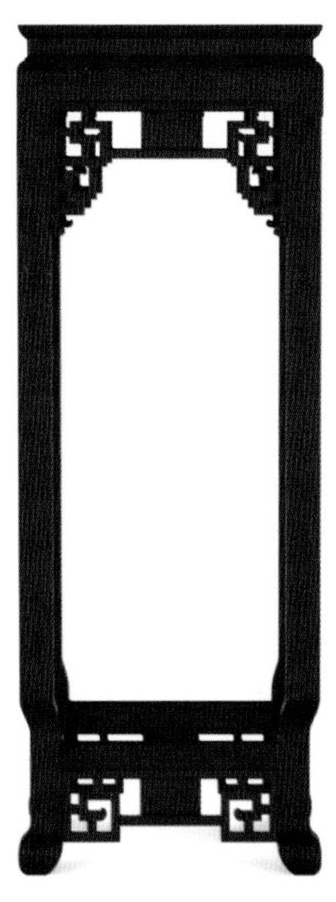

主视图

俯视图

透视图

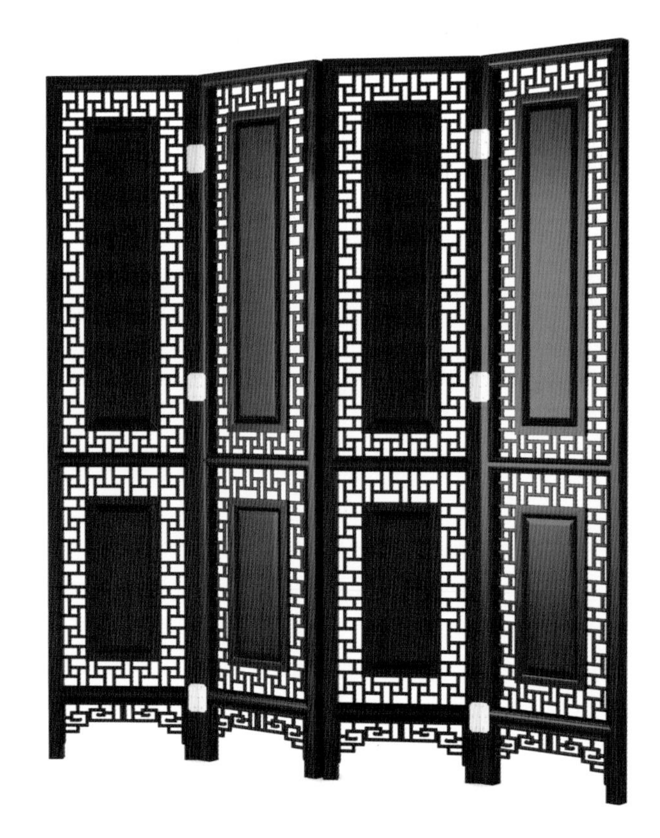

透视图

主视图

主视图

侧视图

俯视图

透视图

透 雕 圆 桌

透视图

款式点评：

此款圆桌造型别具风格，圆桌面，彭牙外凸雕花精美，透雕牙头装点其上，三弯腿内翻马蹄造型下有圆柱为足，腿间有托泥板造型优雅。配套圆凳以木藤作为装点，充满自然气息。

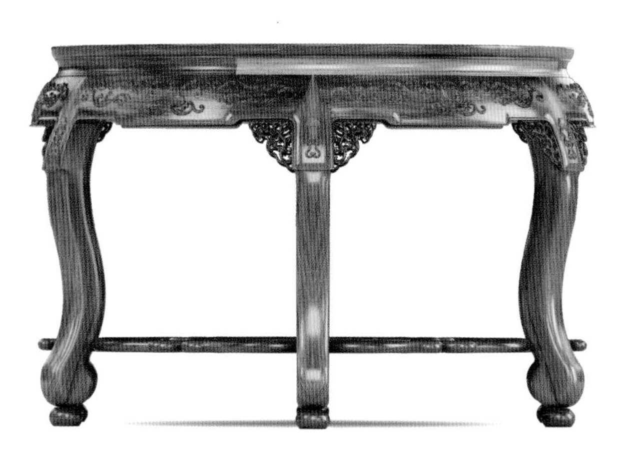

主视图

俯视图

侧视图

精雕图

透视图

主视图

侧视图

俯视图

透视图

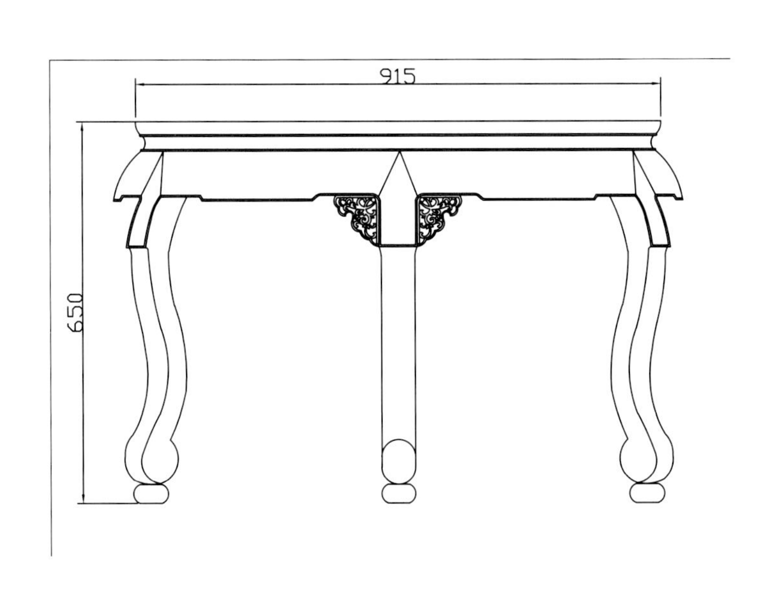

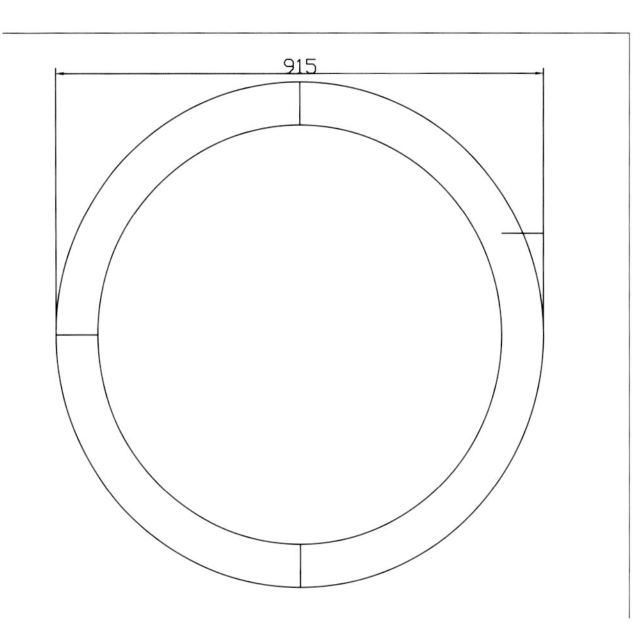

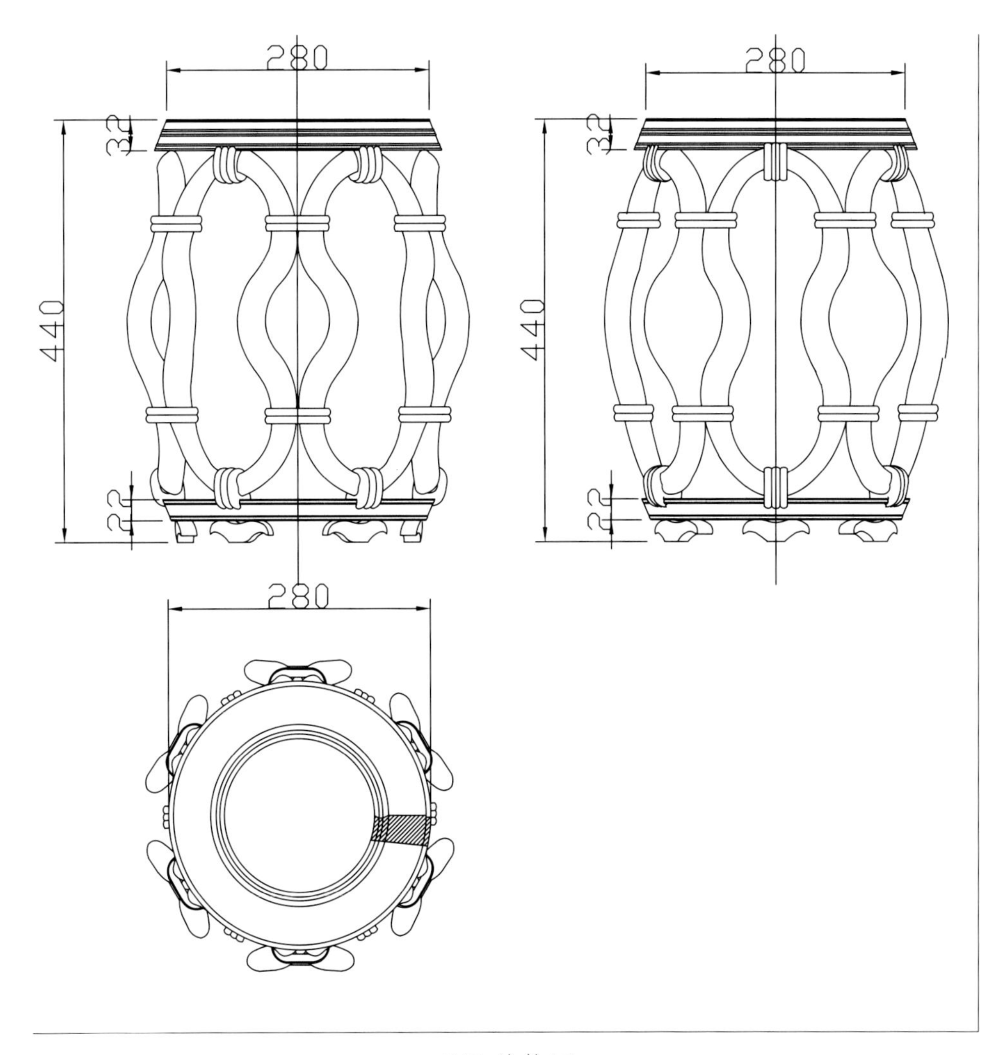

CAD 结构图

四君子写字台

透视图

款式点评：

此写字台三件套书柜呈现立方式，上部柜门为玻璃，中间有两屉，下部为方门板，上雕饰梅兰竹菊四君子纹饰。椅子为标准的明式官帽椅，简洁素雅，线条流畅。办公桌整体方正，面下有三屉，腿间有一屉，桌一侧有踏板。

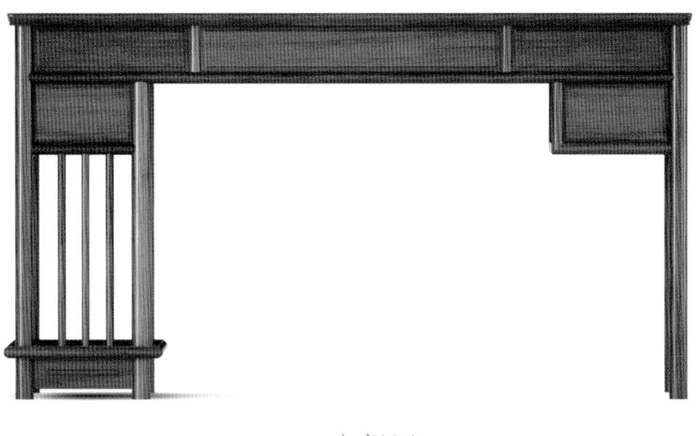

主视图

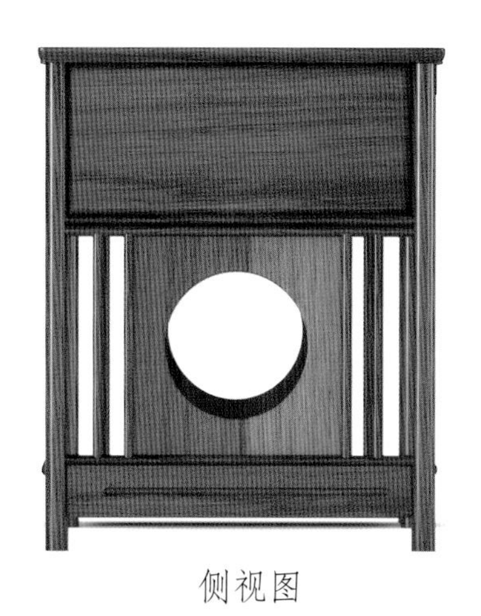

侧视图

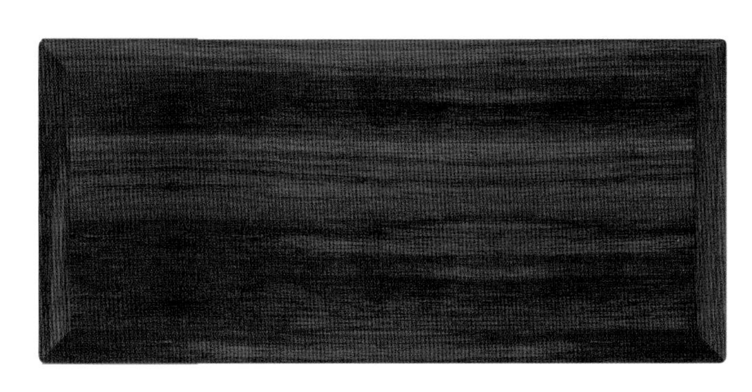

俯视图

透视图

主视图

侧视图

透视图

精雕图

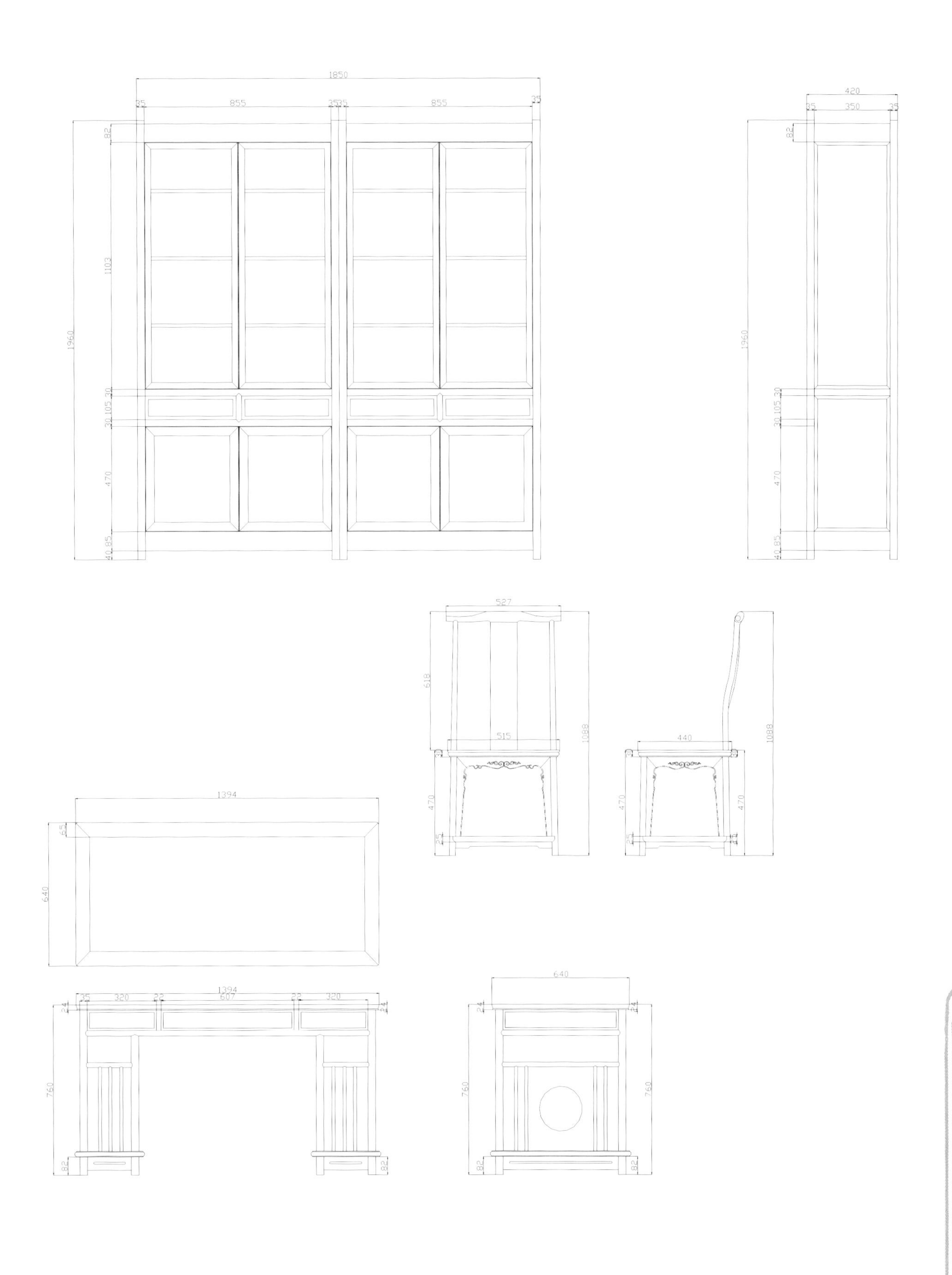

1850
35
855
3535
855
35
82
1103
1960
30 105 30
470
40 85
420
35
350
35
82
1960
30 105 30
470
40 85
527
618
515
1088
470
25
440
1088
470
470
25
1394
65
640
1394
35
320
22
607
22
320
24
760
82
82
640
24
760
760
82
82

CAD 结构图

回字纹圆餐台

透视图

款式点评：

此款餐台呈圆形，上有转盘，面下有束腰，侧边雕有回字纹，面下接圆形支柱，四腿交叉支撑桌面与支柱，四足外撇。

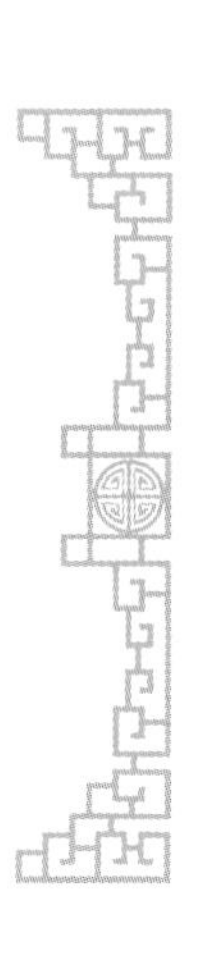

透视图

主视图

俯视图

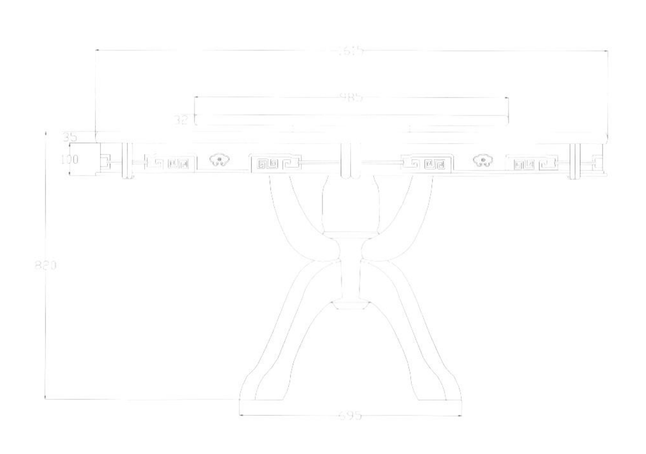

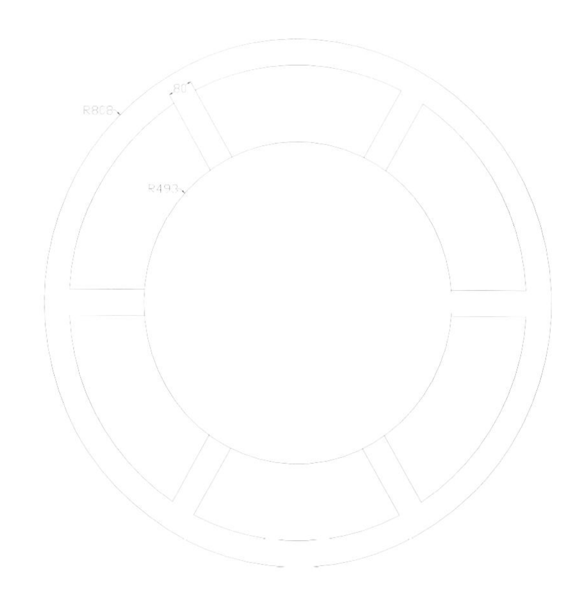

CAD 结构图

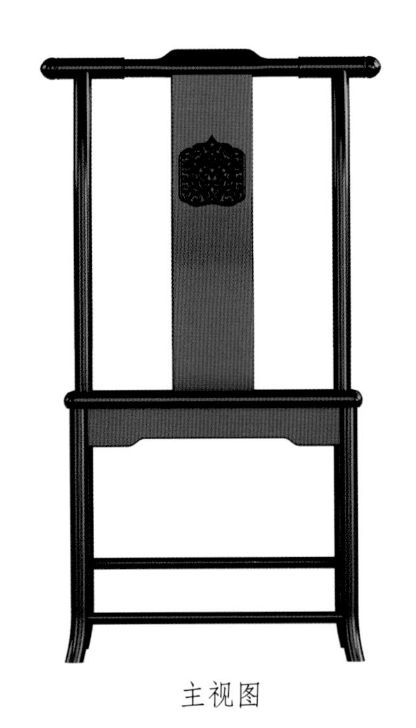
主视图

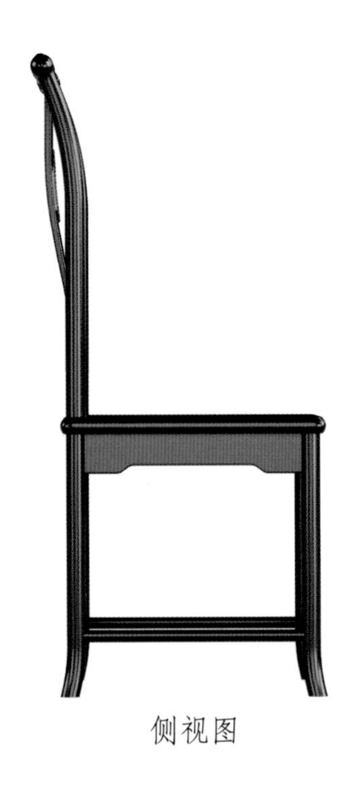
侧视图

俯视图

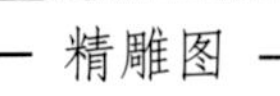
精雕图

透视图

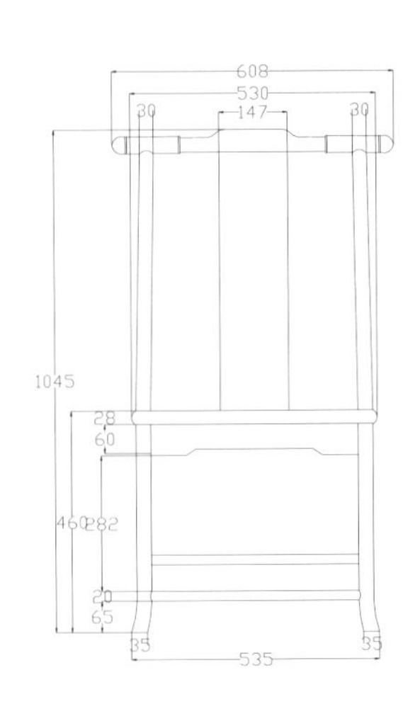

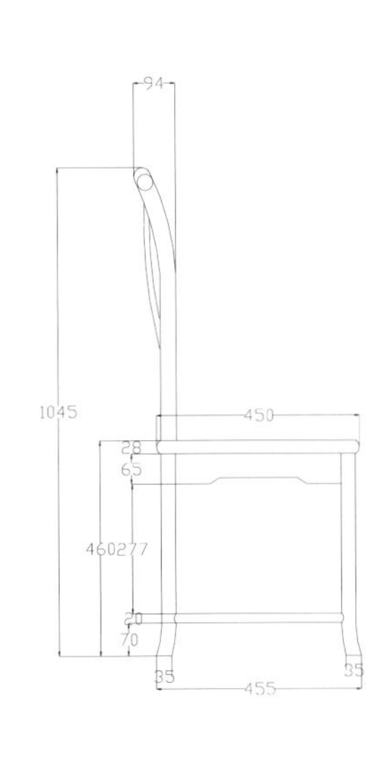

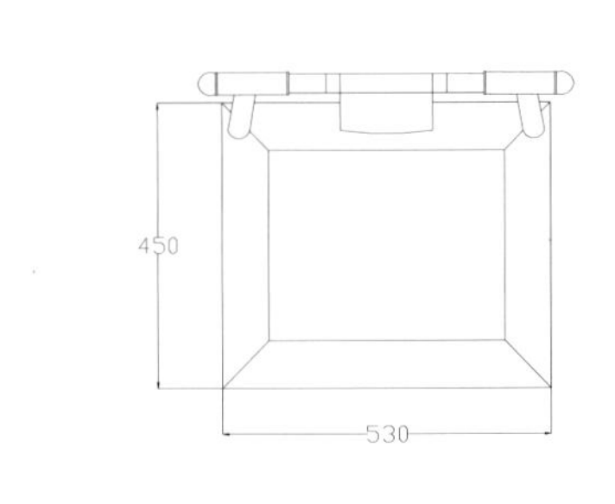

CAD 结构图

镶嵌金丝楠写字台

透视图

款式点评：

该款写字台以金丝楠水波纹木材为装饰，书柜方正，上部柜门为玻璃，下部为方门板，左右中间有两屉镶嵌金丝楠水波纹木板。书桌桌面光素，四角圆润，四足呈内卷万字形式。写字台前挡板中央雕刻有龙形纹饰。

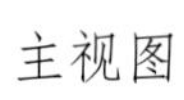

主视图

侧视图

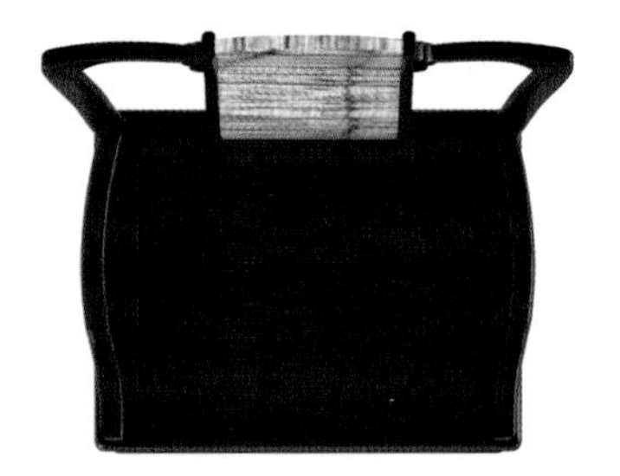

俯视图

透视图

透视图

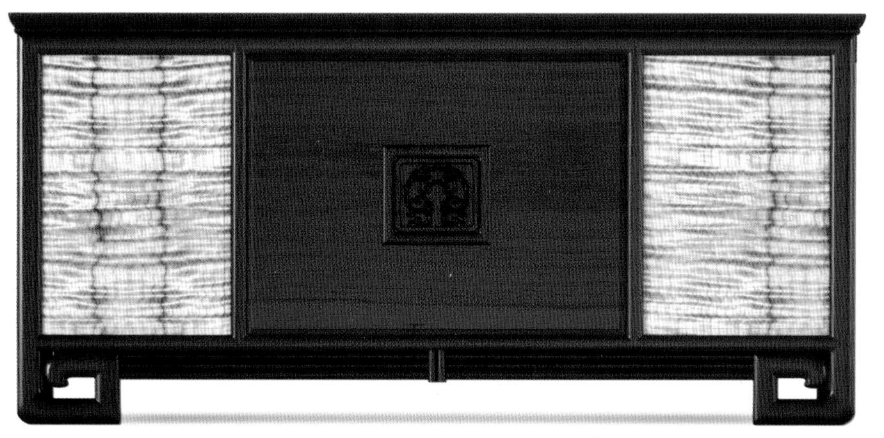

主视图

侧视图

俯视图

精雕图

主视图

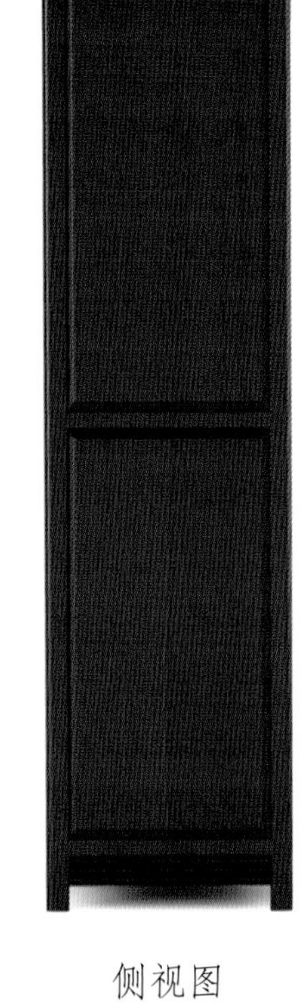

侧视图

精雕图

透视图

CAD 结构图

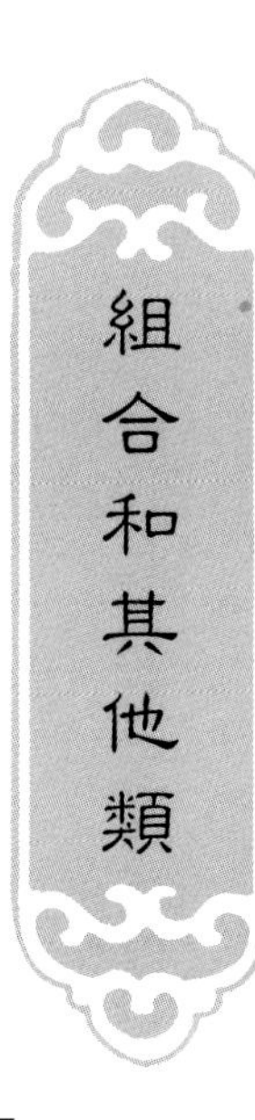

花开富贵写字台

透视图

款式点评：

此款写字台复古气息浓郁，雕工精美，写字台纹饰自然流畅，展示出非凡的贵气与华丽。

透视图

主视图

侧视图

俯视图

主视图

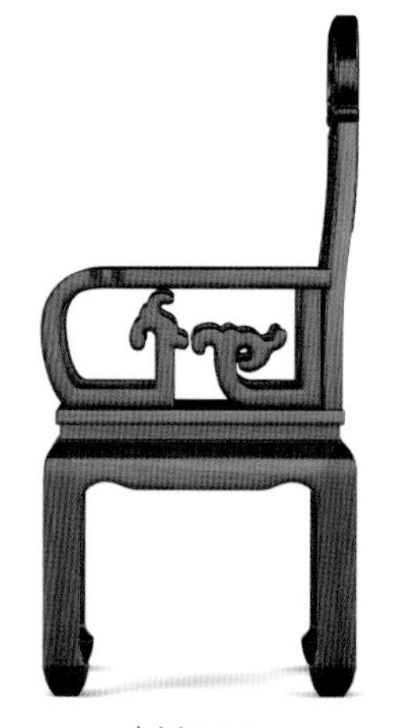

侧视图

俯视图

透视图

精雕图

精雕图

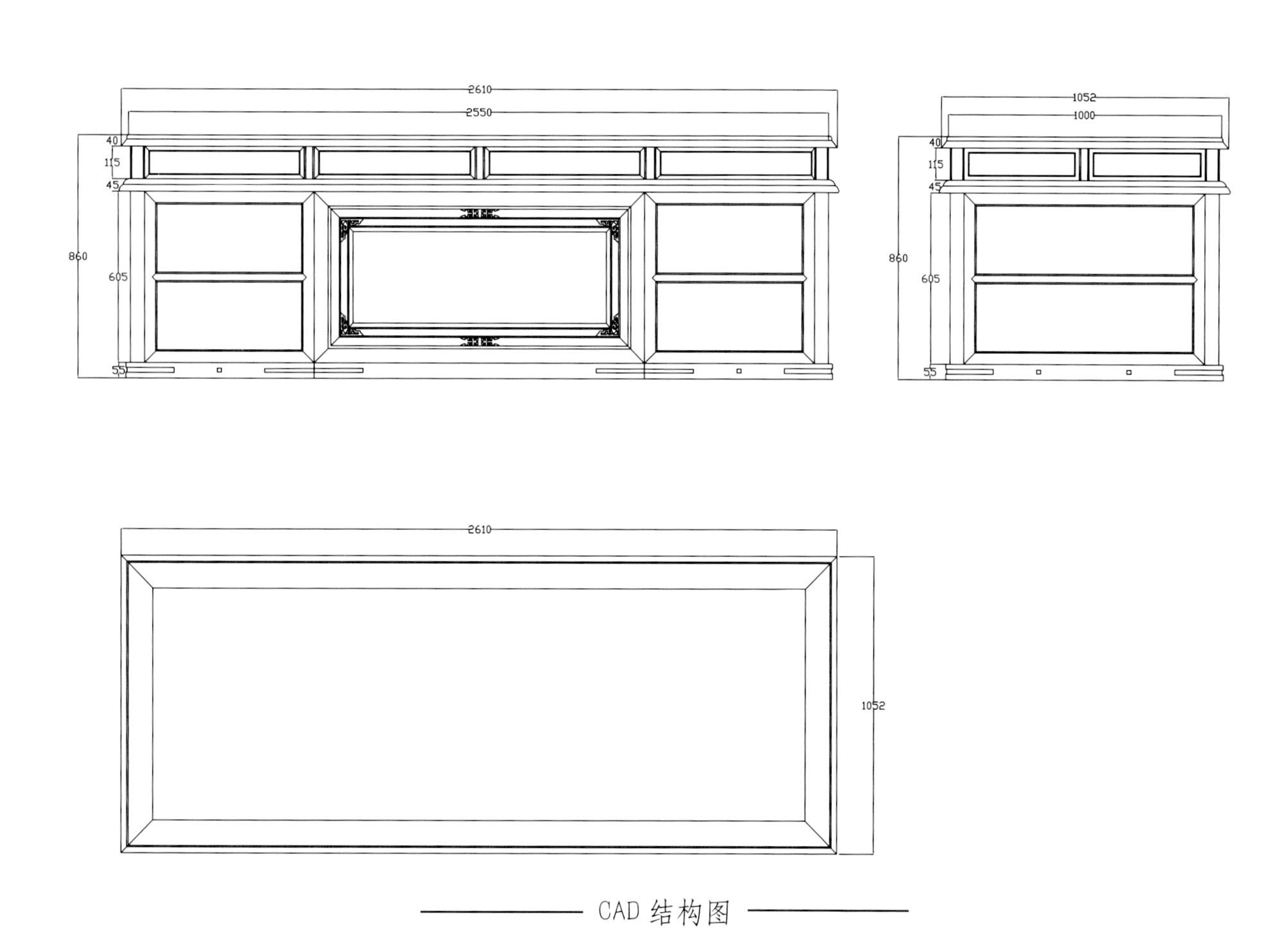
2610
2550
40
115
45
860
605
55
1052
1000
40
115
45
860
605
55
2610
1052

CAD 结构图

精雕花纹梳妆台

透视图

款式点评：

此款梳妆台镜面为椭圆形，镜面背板雕刻精美花纹以作装饰，两侧设双屉，桌面光素下设三屉，牙头牙条以透雕回字纹作为装饰，方腿直足，下有波浪形纹理托泥板，四足呈内翻马蹄形。

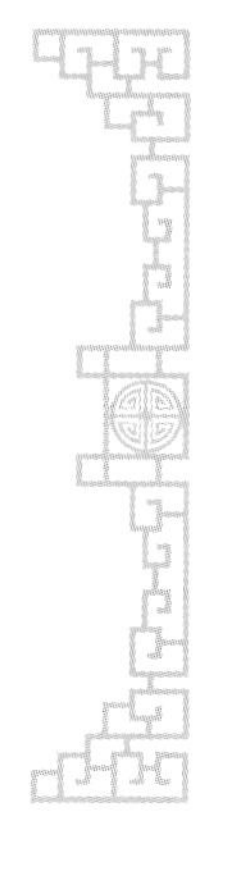

主视图

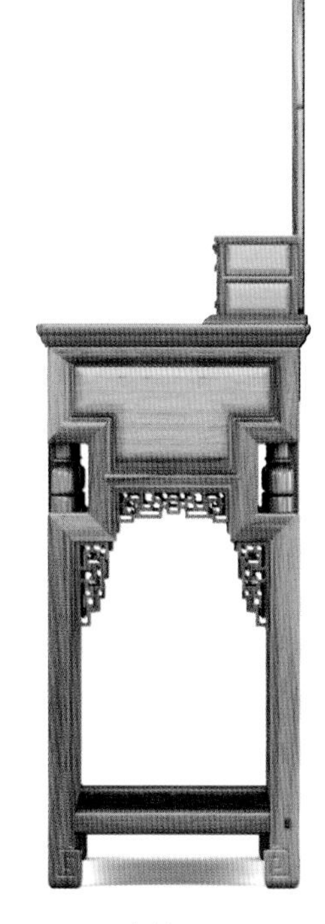

侧视图

俯视图

透视图

精雕图

主视图

侧视图

俯视图

透视图

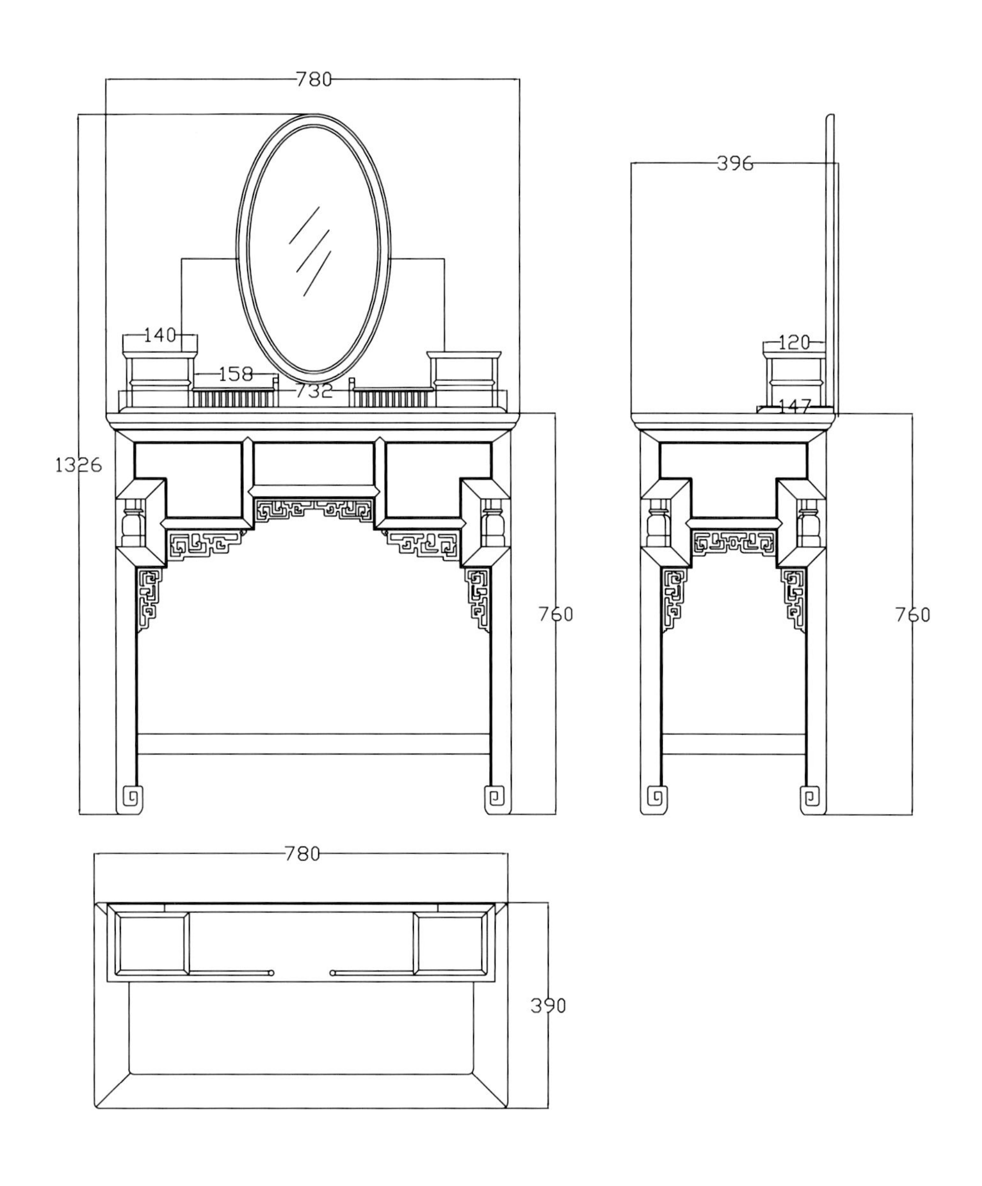
780
1326
140
158
732
760
396
120
147
760
780
390

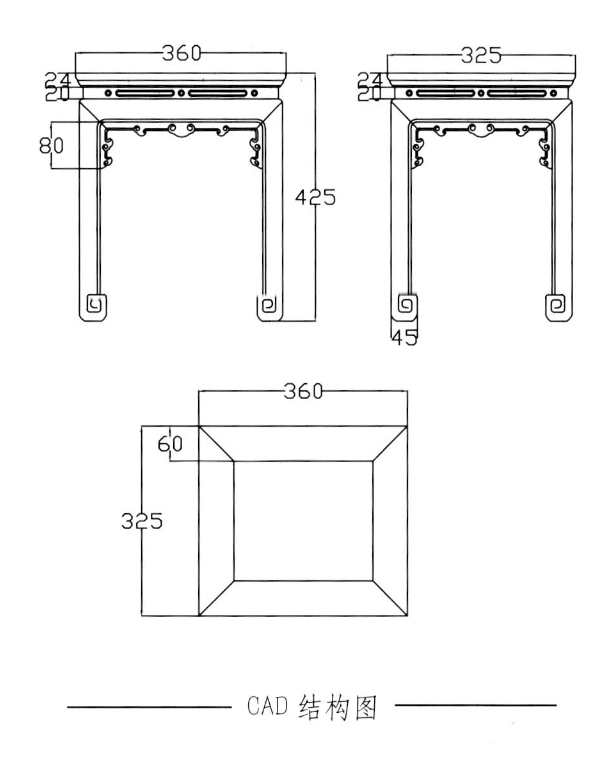
360
24
20
80
425
325
24
20
45
360
60
325

CAD 结构图

凤翔梳妆台

透视图

款式点评：

此款梳妆台雕工精美，制作精良，椭圆形的镜面配以雕花木框，两色屉均有三弯矮足，桌面光素平整，下为八屉一柜，抽屉柜门均雕刻精美花纹，柜下为彭牙龟足。

主视图

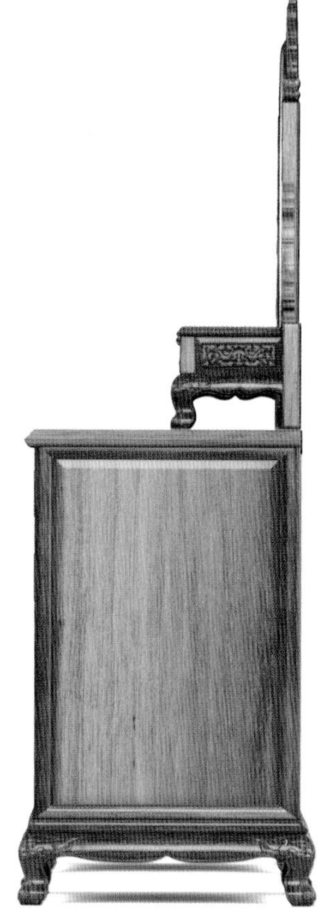

侧视图

俯视图

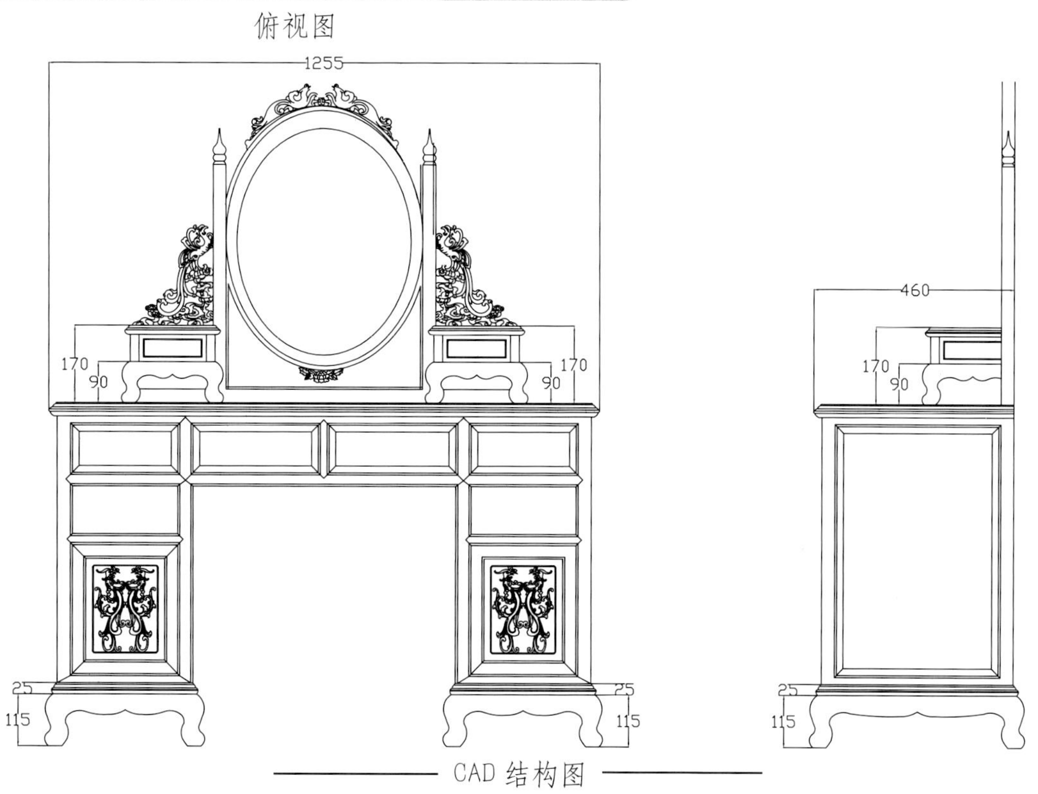

CAD 结构图

雕龙写字台

透视图

款式点评：

此写字台整体方正，面下有三屉，腿间有两屉，均雕刻有蟠龙纹，两腿侧面有圆形镂空挡板，腿间有踏板相连。简洁素雅，线条流畅。

透视图

主视图

俯视图

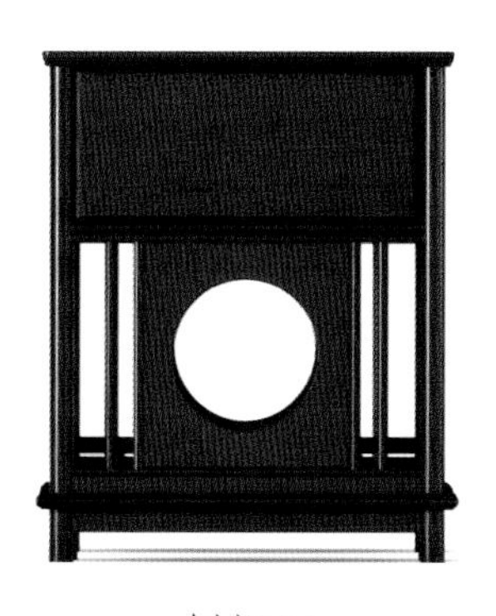

侧视图

主视图

侧视图

俯视图

透视图

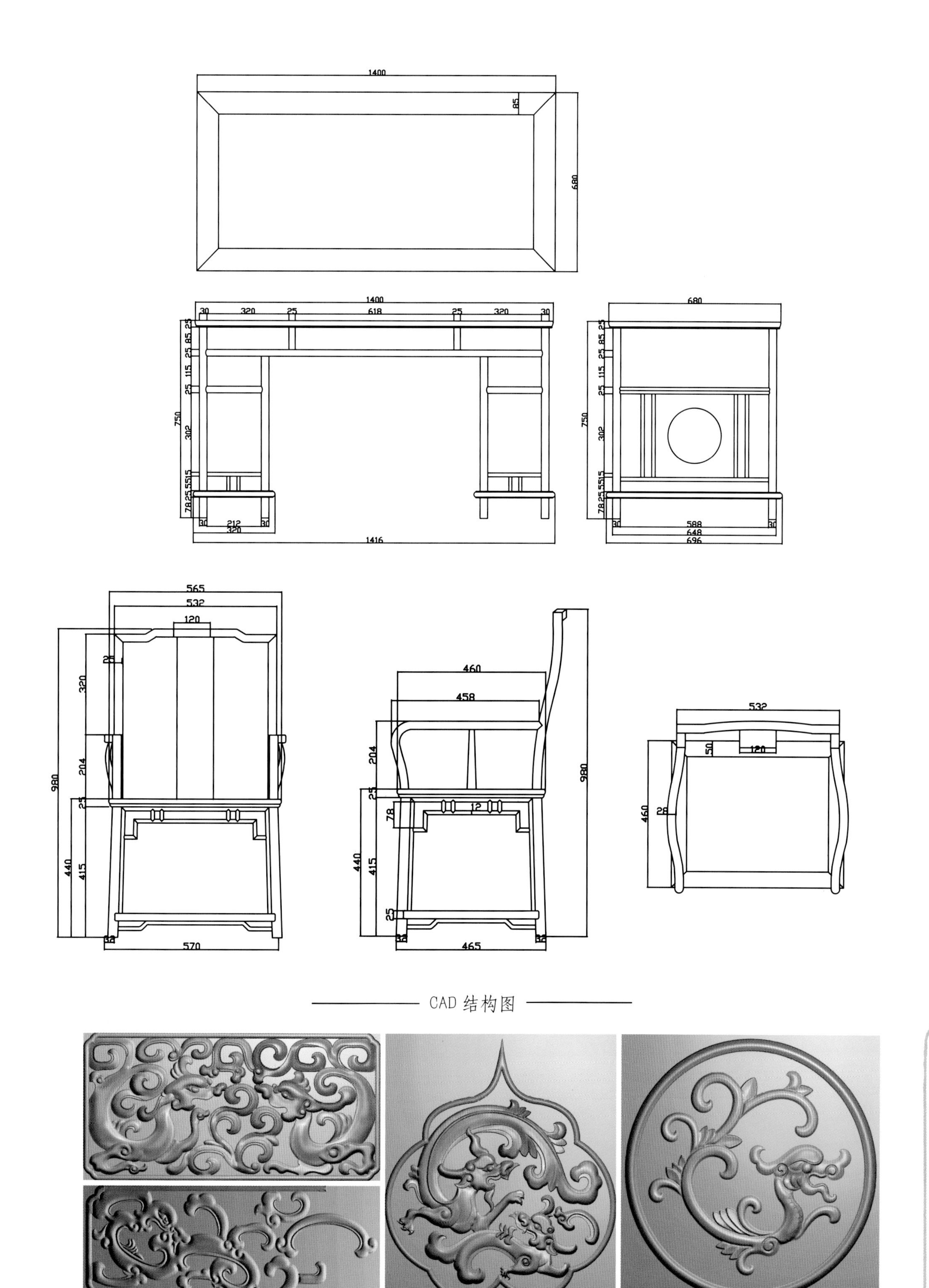

CAD 结构图

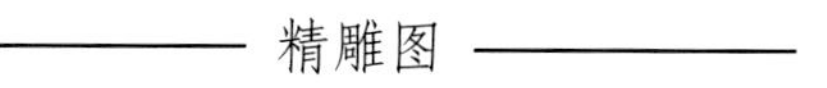

精雕图

圆　形　餐　台

透视图

款式点评：

此款餐台为圆型。桌面、椅面镶嵌金丝楠水波纹木板，使整套餐台更显高贵大气。餐桌腿间以罗锅枨和矮老做支撑，配以如意形雕花做装饰。配套椅背搭脑为如意祥云，背靠板透雕如意祥云图案，中间镶嵌金丝楠水波纹木板，下设亮脚。腿间仍用罗锅枨和矮老做连接。

主视图

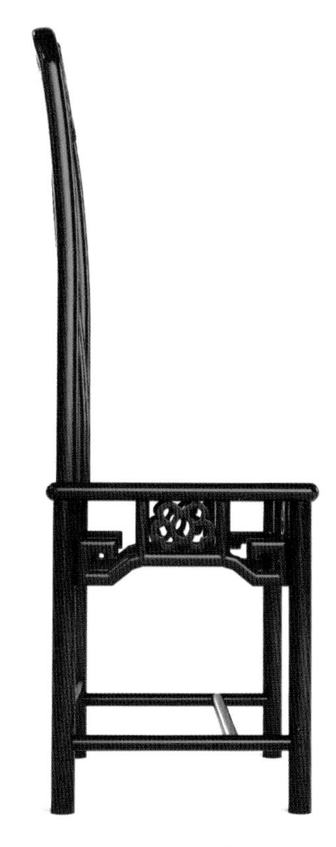
侧视图

俯视图

透视图

透视图

主视图

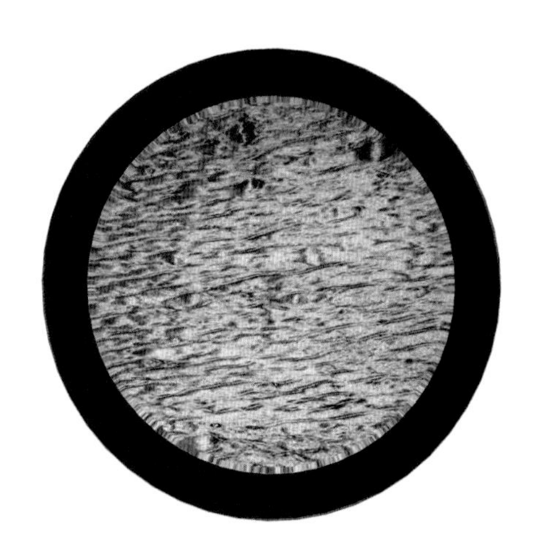

俯视图

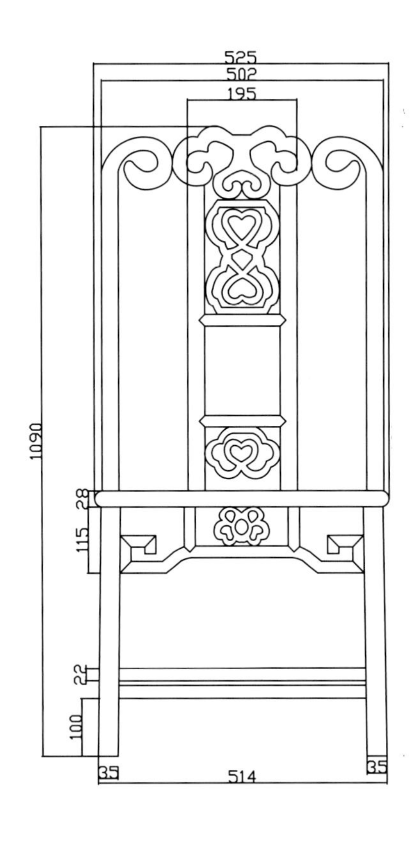
525
502
195
1090
28
115
22
100
35
514
35

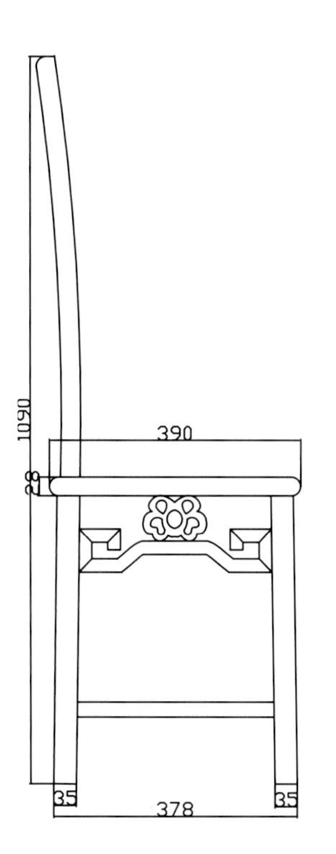
1090
390
28
35
378
35

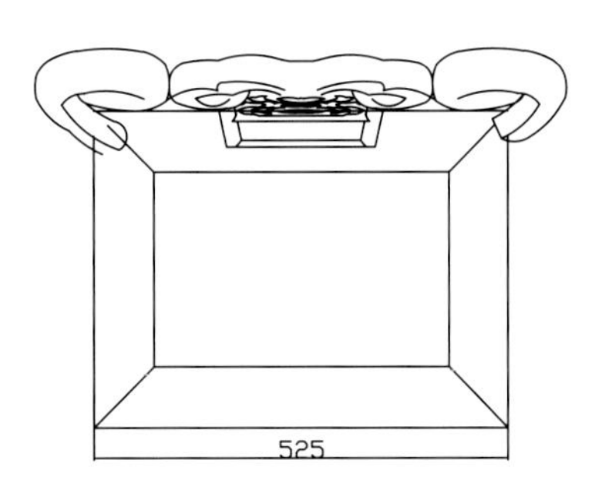
525

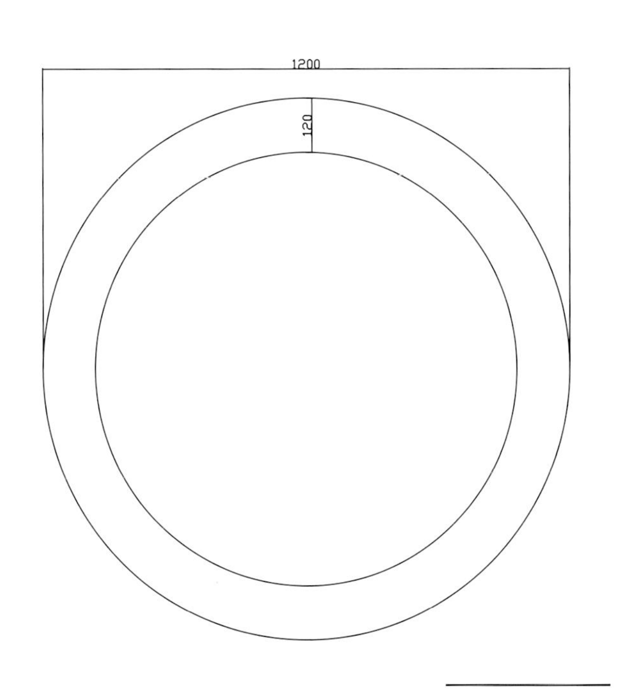
1200
120

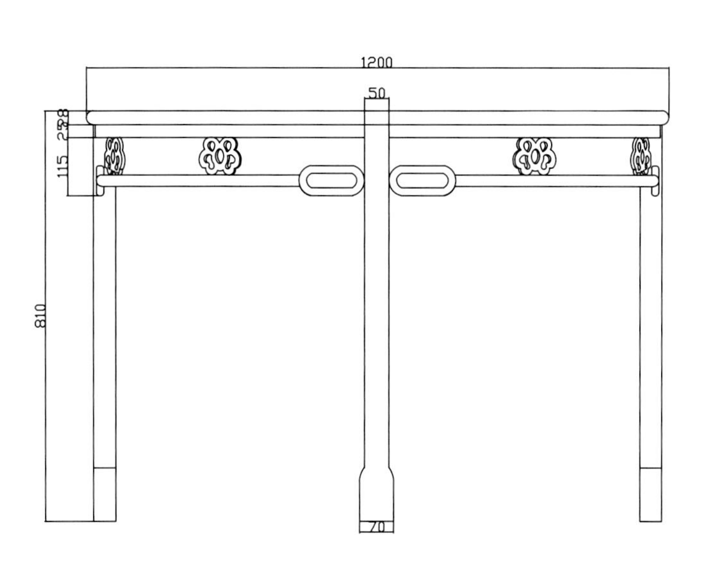
1200
50
28
115
810
70

CAD 结构图

雕卷叶草纹餐台

透视图

款式点评：

此款餐桌为椭圆形，古朴中彰显贵族气质，桌面平滑，下有束腰，彭牙雕以卷叶草纹理，三弯腿，脚下以圆木连接做足。配套座椅搭脑造型精美，与椭圆形餐桌造型相呼应。

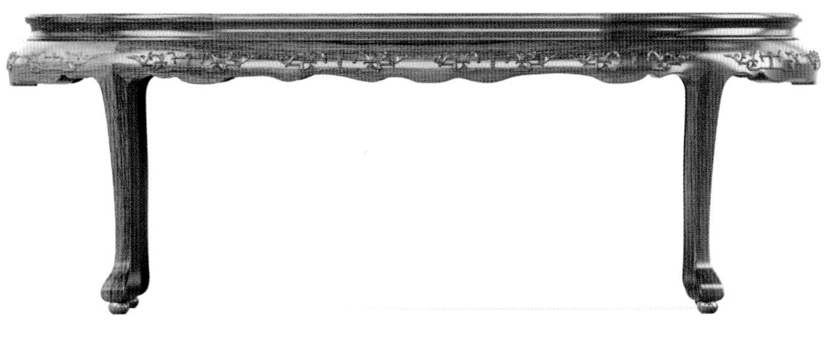
主视图

侧视图

俯视图

透视图

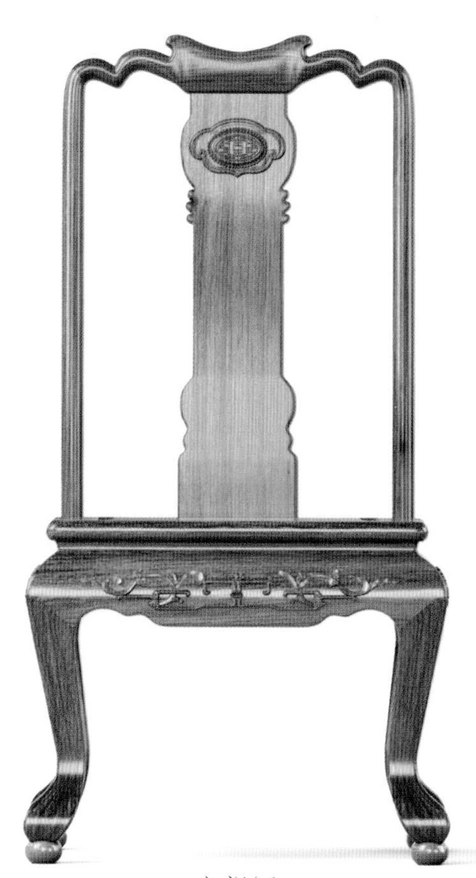

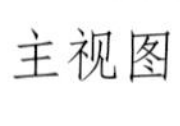

主视图

侧视图

俯视图

精雕图

透视图

CAD 结构图

精雕图

祥　云　圆　台

透视图

款式点评：

此款餐台呈圆形，桌面光素，侧边雕刻祥云图案，面下有圆形立柱支撑，立柱雕有花纹，下有六足，足下链接底座。配套凳子，高束腰，三弯腿，四足呈外翻马蹄形，整体造型优美。

透视图

主视图

俯视图

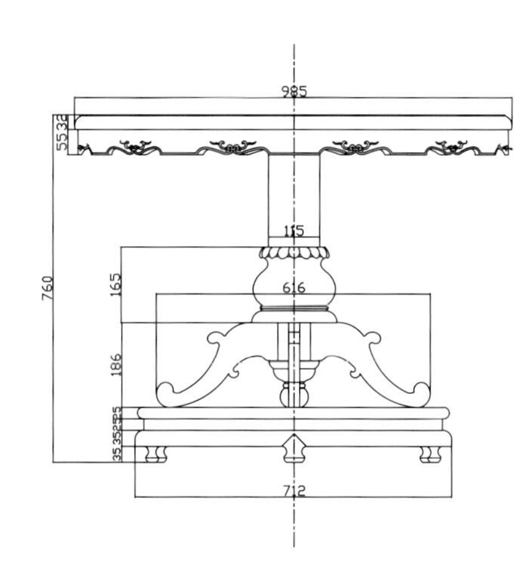

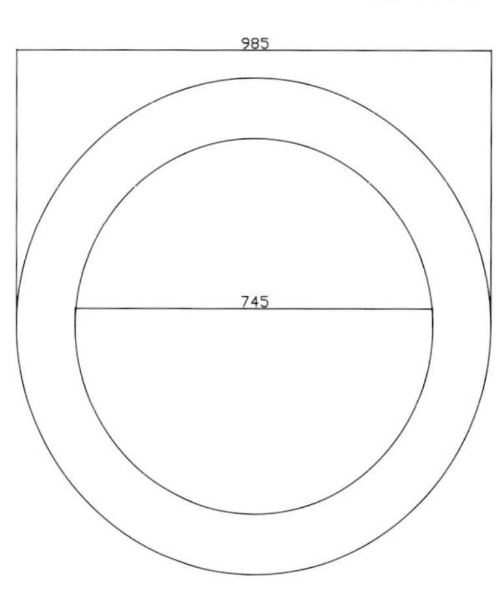

CAD 结构图

透视图

主视图

俯视图

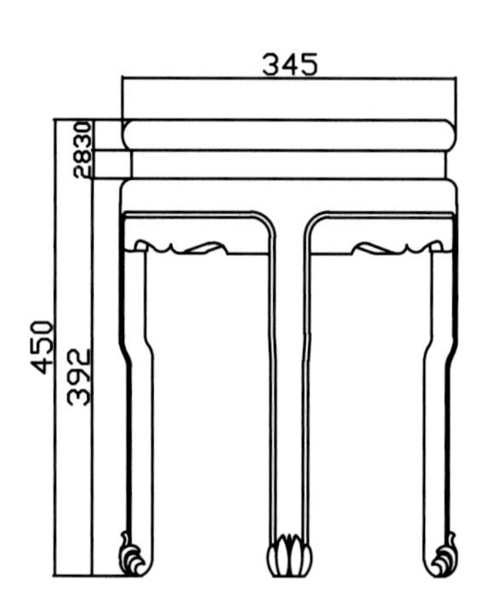

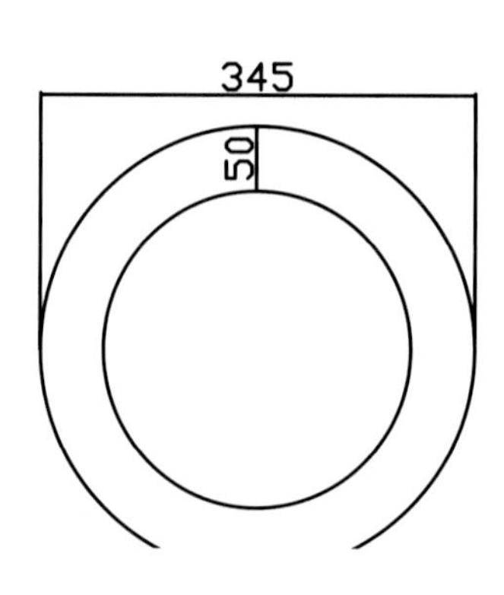

CAD 结构图

衣　帽　架

透视图

款式点评：

此衣架两块横木做墩子，上植立柱，立柱前后有站牙抵夹，其上加横枨和由回字构成的中牌子，最上是搭脑，两端出头，立体圆雕花纹简单大方。

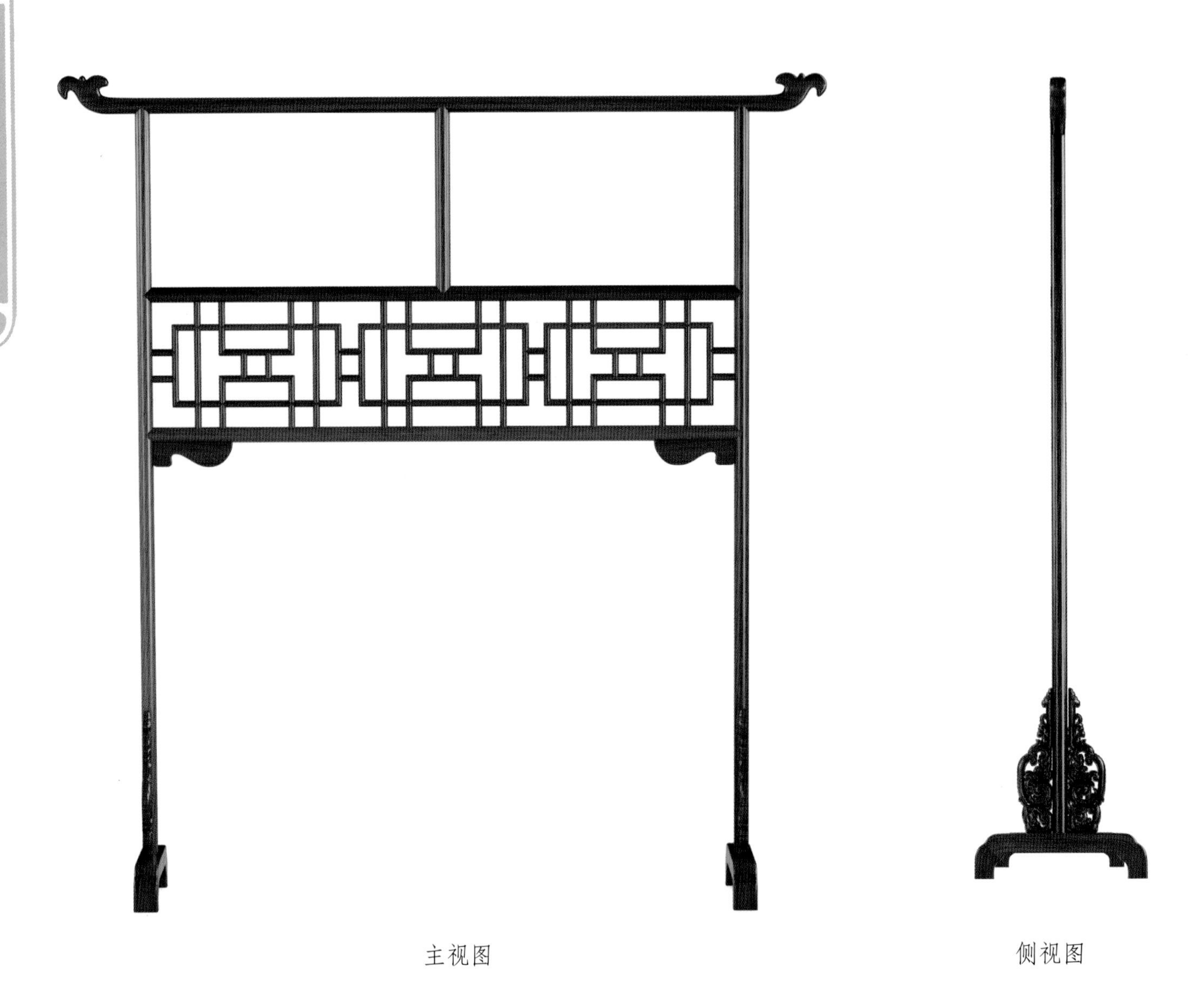

主视图　　侧视图

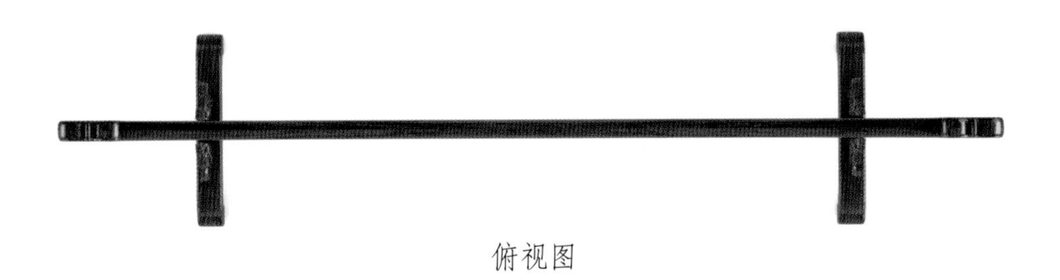

俯视图

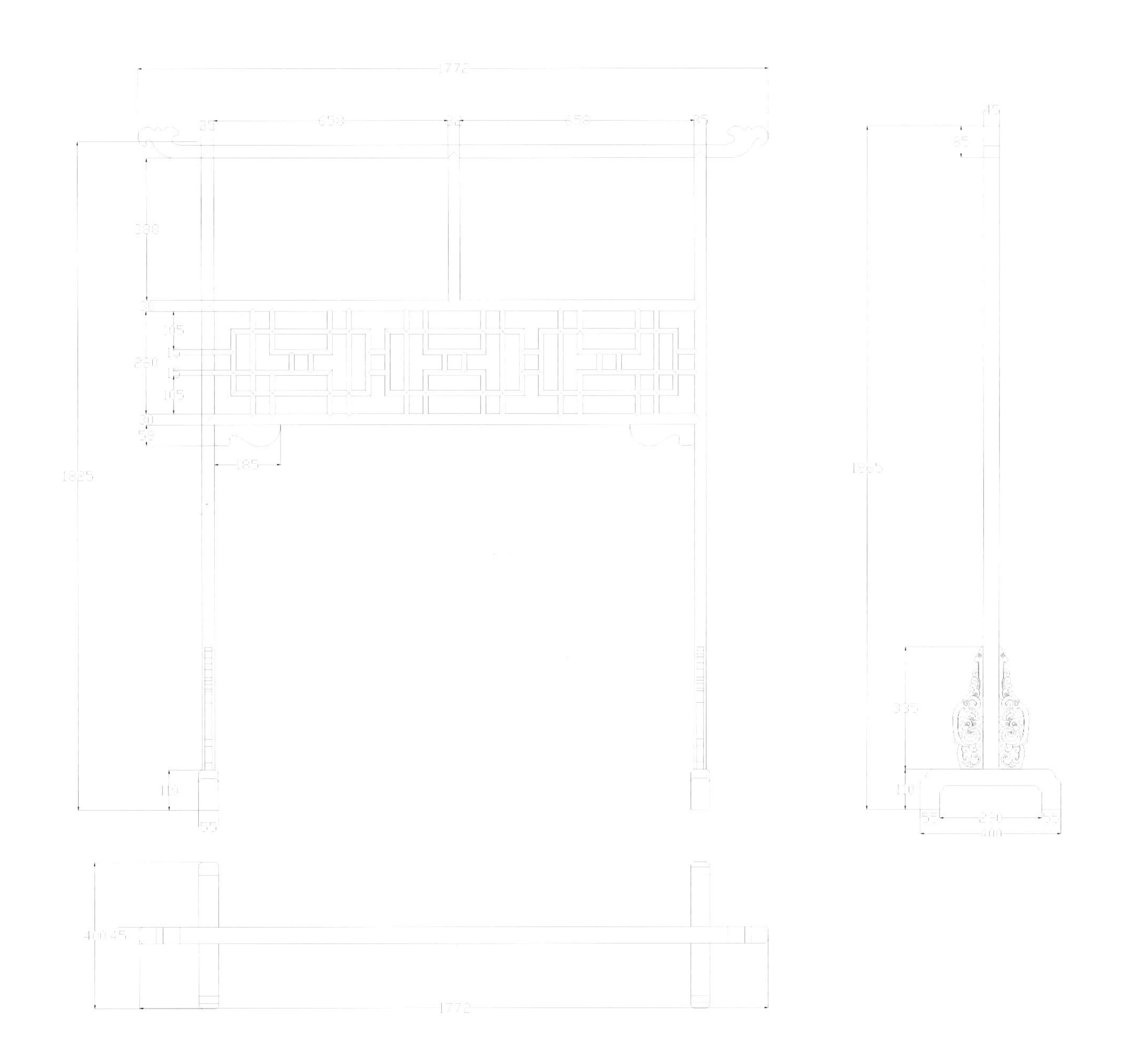

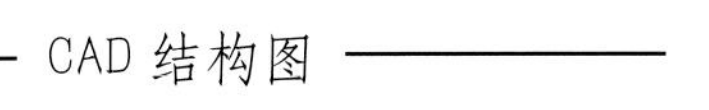
CAD 结构图

圆 餐 台 组 合

透视图

款式点评：

此套家具圆台、圆凳造型饱满，颇具张力，在视觉上给人以舒适感。平整桌面彭牙透雕装饰，彭腿凸起，雕有铜钱样，下有托泥脚。下设皆素面无雕饰。

主视图

侧视图

俯视图

透视图

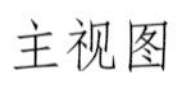

主视图

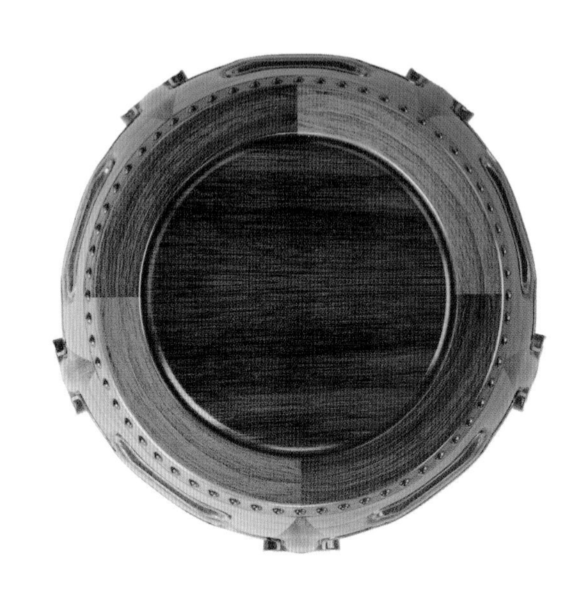

侧视图

俯视图

精雕图

透视图

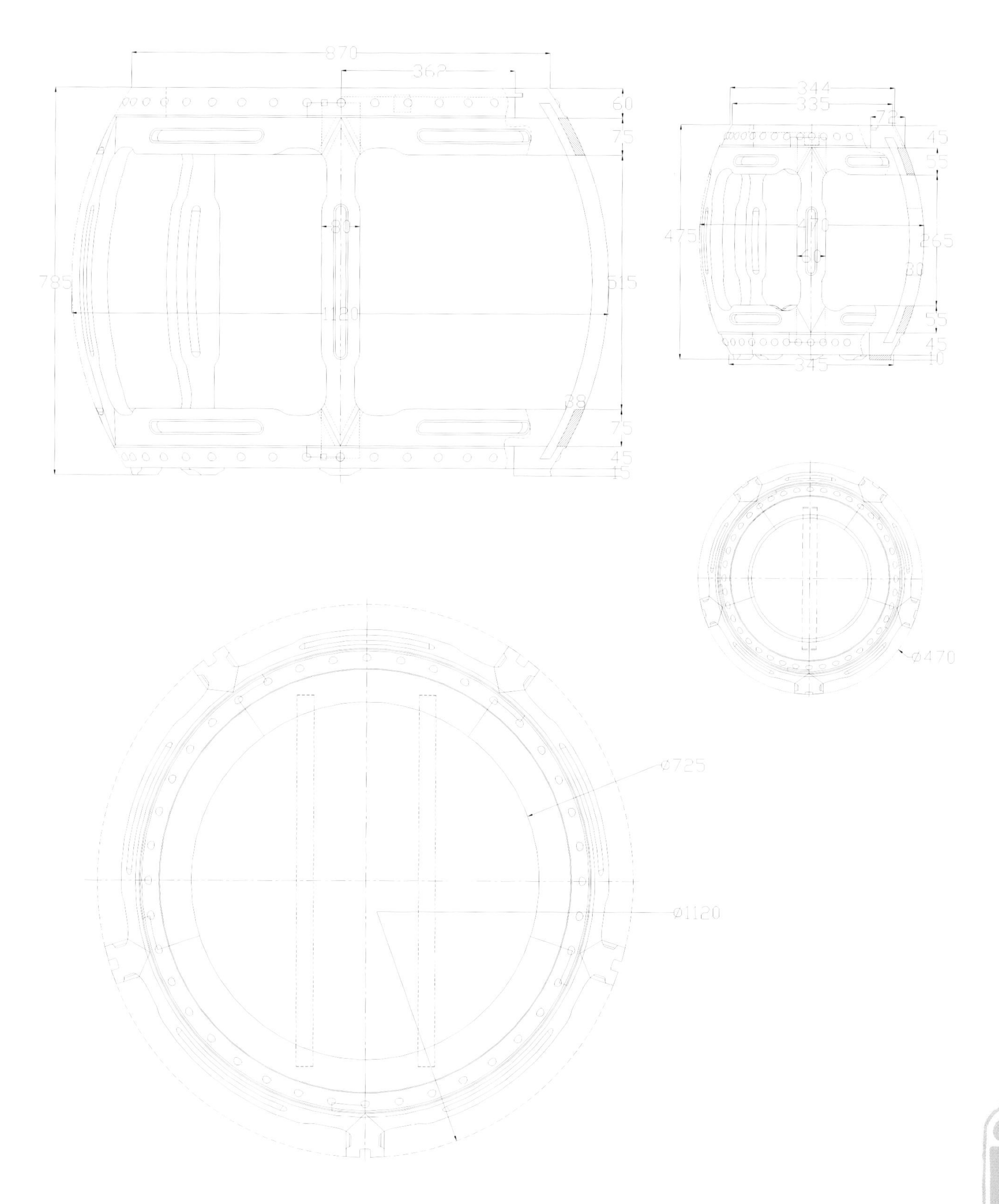
870
362
60
75
785
60
1120
615
28
75
45
15
344
335
72
45
55
475
470
265
40
30
55
45
345
10
Ø470
Ø725
Ø1120

CAD 结构图

精雕图

卷叶草纹圆餐台

透视图

款式点评：

此款圆餐台造型圆润优雅，雕工精美，平整桌面下彭牙雕刻卷叶草纹样，牙头做透雕卷叶草为装饰，下有回字纹托泥板，下承拖泥脚，配套圆凳与圆桌造型呼应。

主视图

侧视图

俯视图

透视图

主视图

侧视图

俯视图

透视图

CAD 结构图

矮方桌组合

透视图

款式点评：

此款家具造型低矮，桌面椅面方正，椅面镶嵌金丝楠水波纹木板，下有束腰，彭腿向内弯曲呈马蹄状。

主视图

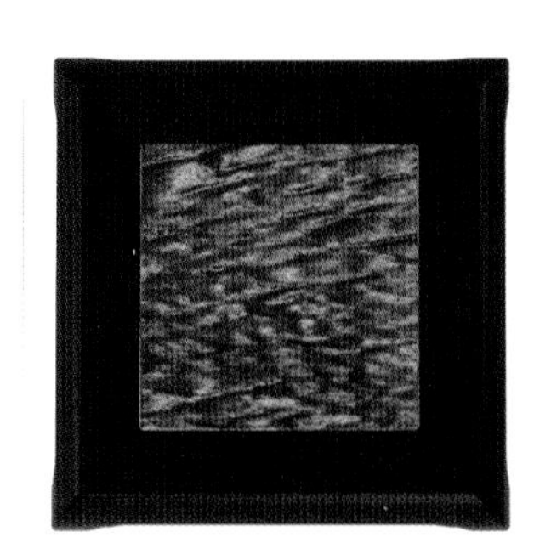

俯视图

透视图

主视图

俯视图

透视图

梅花餐台组合

透视图

款式点评：

此款家具餐台、凳面均呈六瓣梅花形，束腰曲线柔美，彭牙以铜钱做装饰，彭腿配有雕纹装饰，六组内翻呈如意状，下设拖泥，拖泥承拖泥脚。

主视图

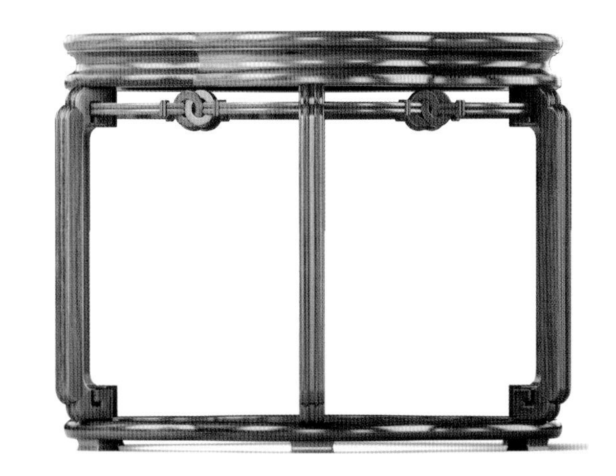

侧视图

俯视图

透视图

主视图

侧视图

俯视图

透视图

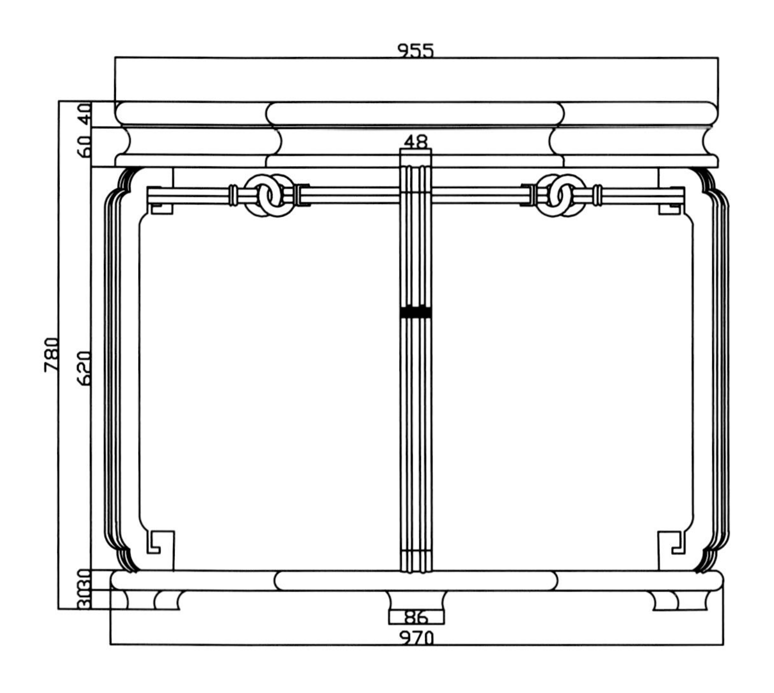
955
40
60
48
780
620
30
30
86
970

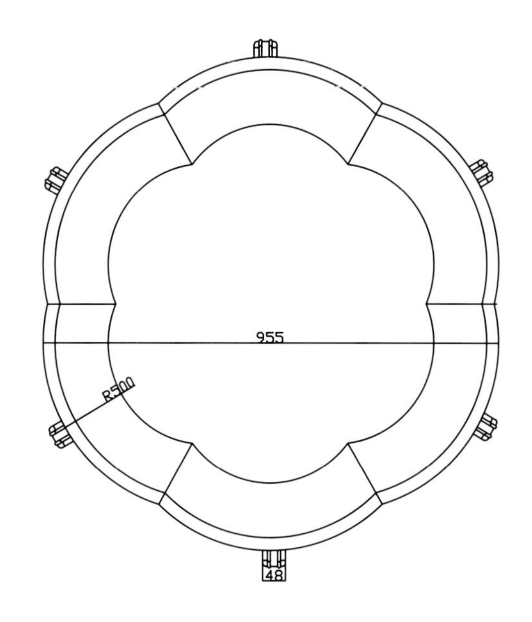
955
R500
48

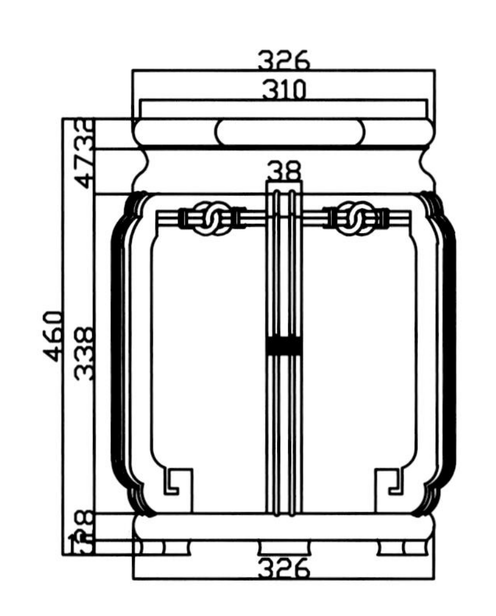
326
310
47
32
38
460
338
326

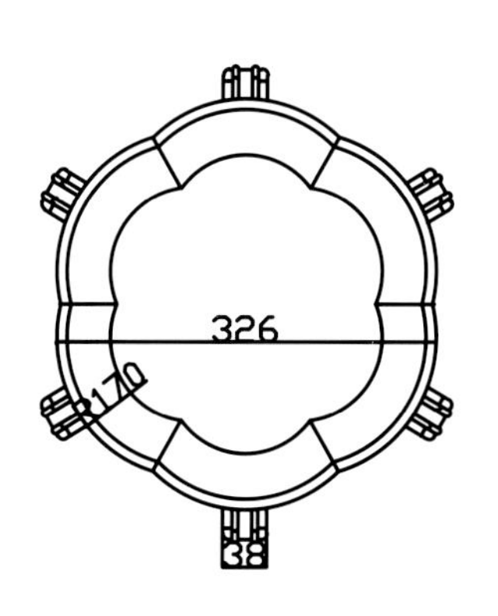
326
R170
38

CAD 结构图

精雕图

方　形　餐　台

透视图

款式点评：

此款间距简单大方，桌面凳面呈正方形，圆腿直足，腿间以罗锅枨相连，牙头透雕花纹使整个餐台显得精巧灵动。配套方凳造型与方桌相仿。

主视图

俯视图

主视图

俯视图

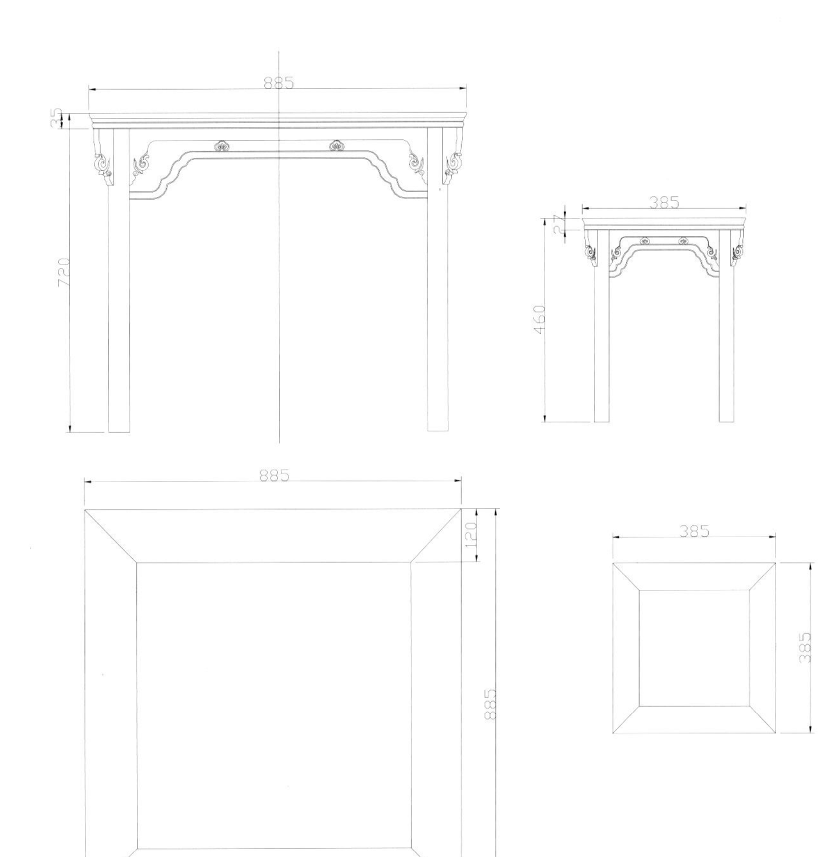

CAD 结构图

素面方正餐台

透视图

款式点评：

餐台方正，牙板简单隔断无雕纹，方腿直足。椅子整体给人方正感，靠背板浮雕变体寿字纹样，椅背扶手弧度柔美，腿间步步高横枨。

主视图

俯视图

透视图

主视图

侧视图

俯视图

精雕图

透视图

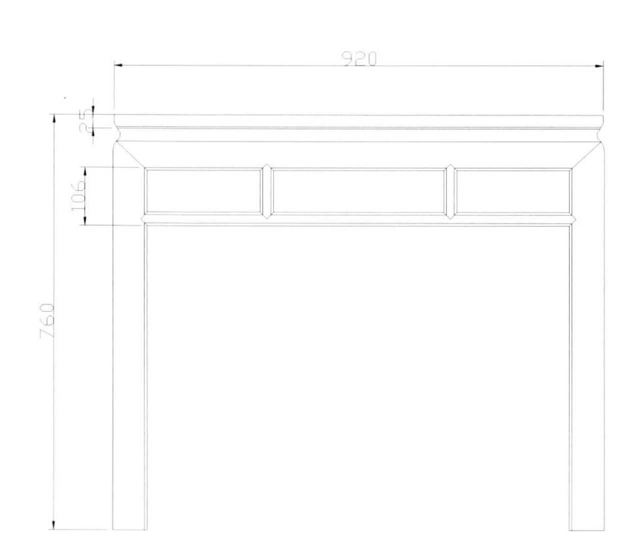
920
25
106
760

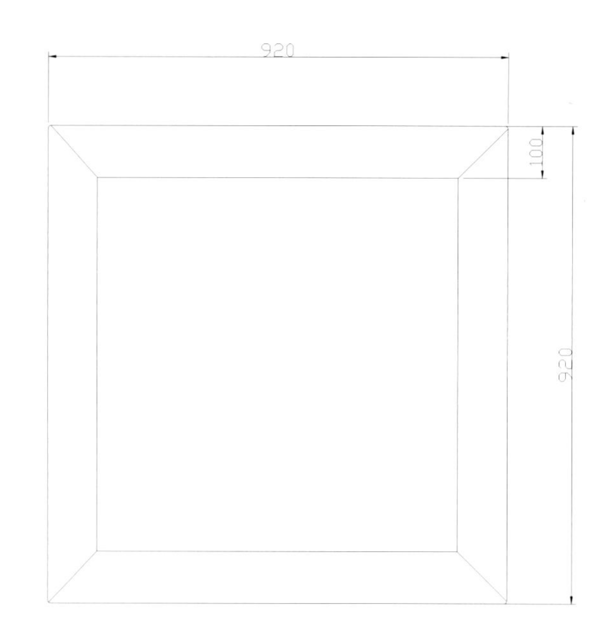
920
100
920

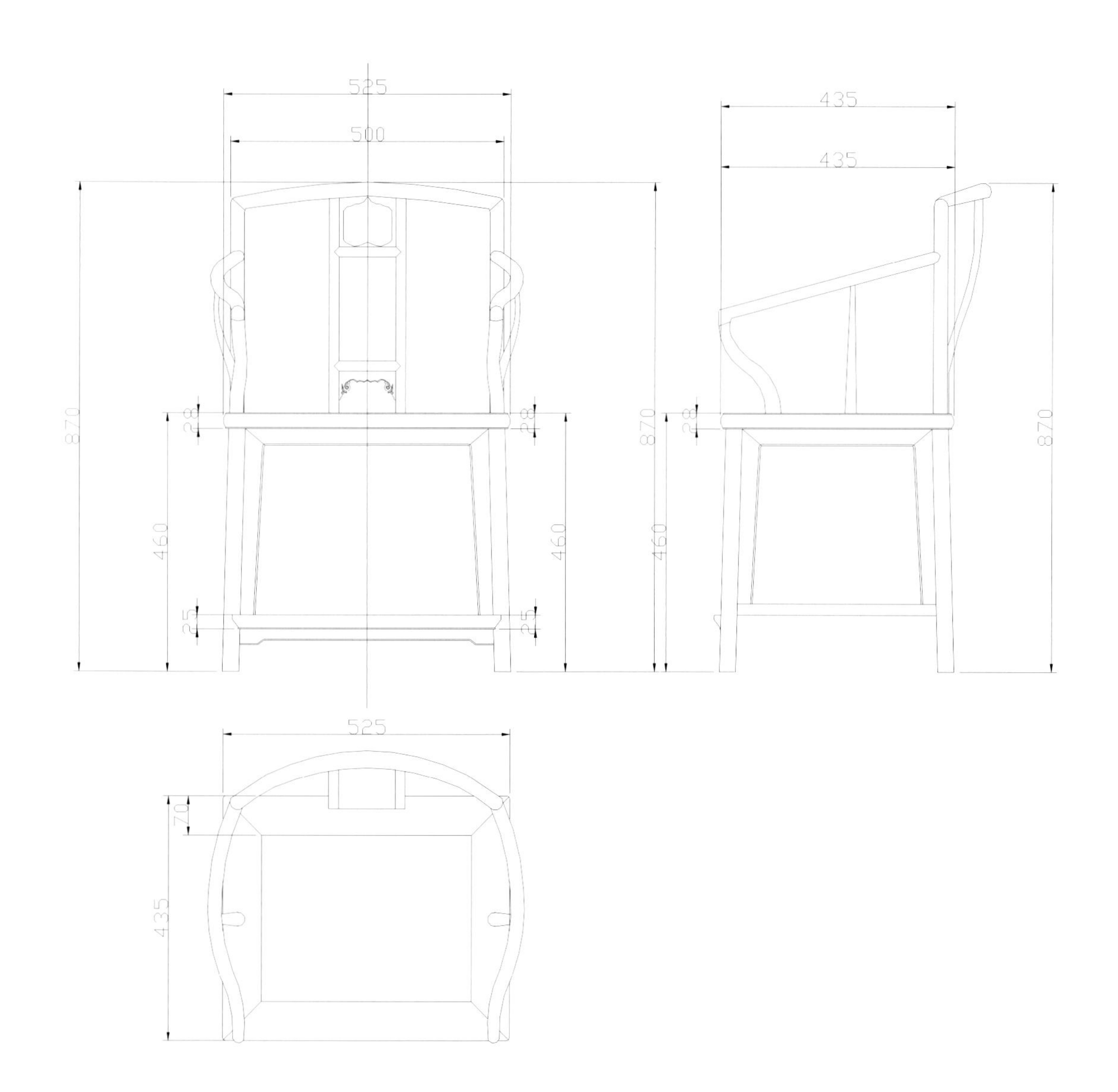
525
500
435
435
870
28
28
460
460
25
25
870
28
460
870
525
70
435

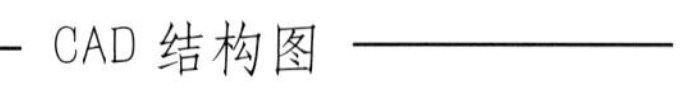
CAD 结构图

組合和其他類

西潘莲屏风

款式点评：

此屏风共六扇，以挂钩连接，每扇屏风均以浮雕花纹西潘莲为主，屏风腿间均有牙板，牙板均有浮雕花纹。雕刻精美，显得十分华贵。

透视图

主视图

侧视图

俯视图

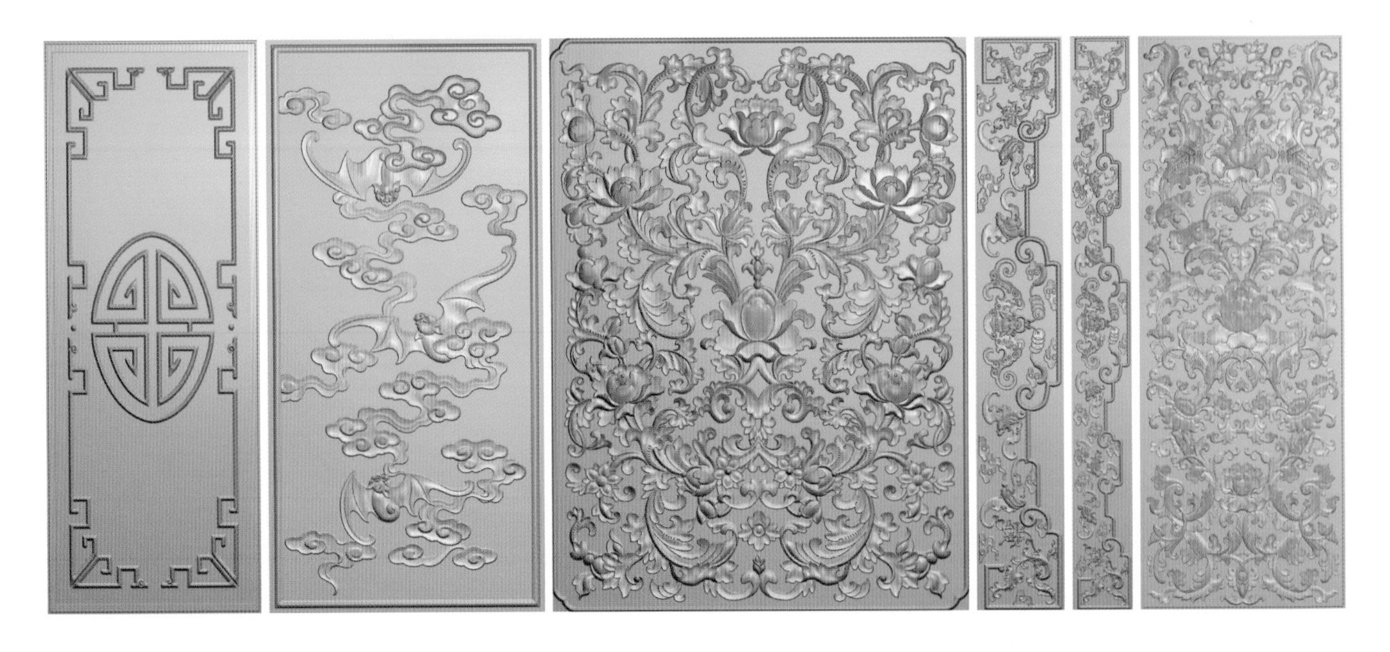

精雕图

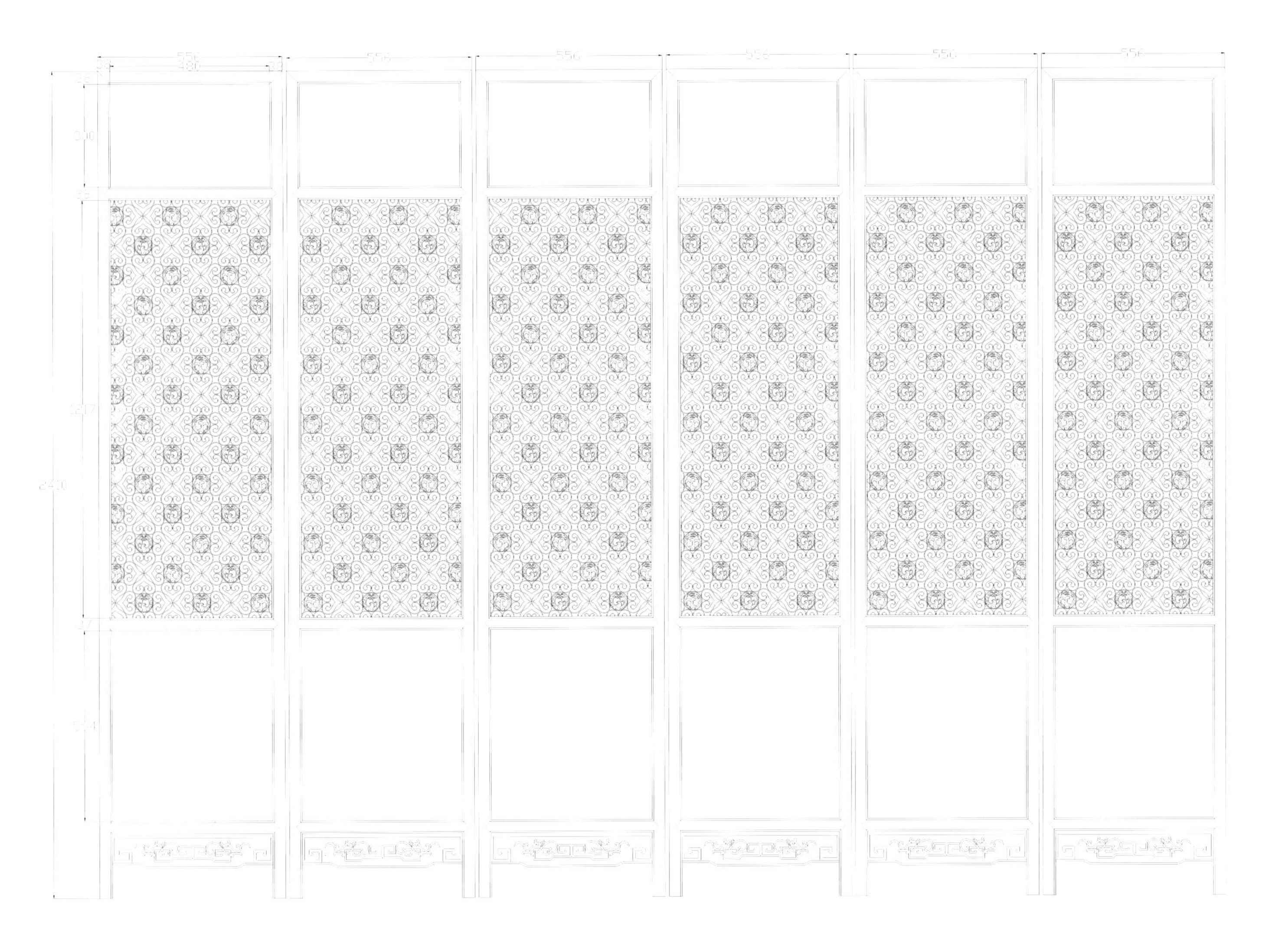

CAD 结构图

屏　风

透视图

款式点评：

此屏风可分为上下两部分，上半部分以画卷为主体，选用厚重木料作为四周边框，两侧边框与底座之间有站牙抵夹。底座部分有冠冕，冠冕为透雕花纹，底座横版浮雕云龙纹样。矮腿、壶门式牙板。

主视图

侧视图

俯视图

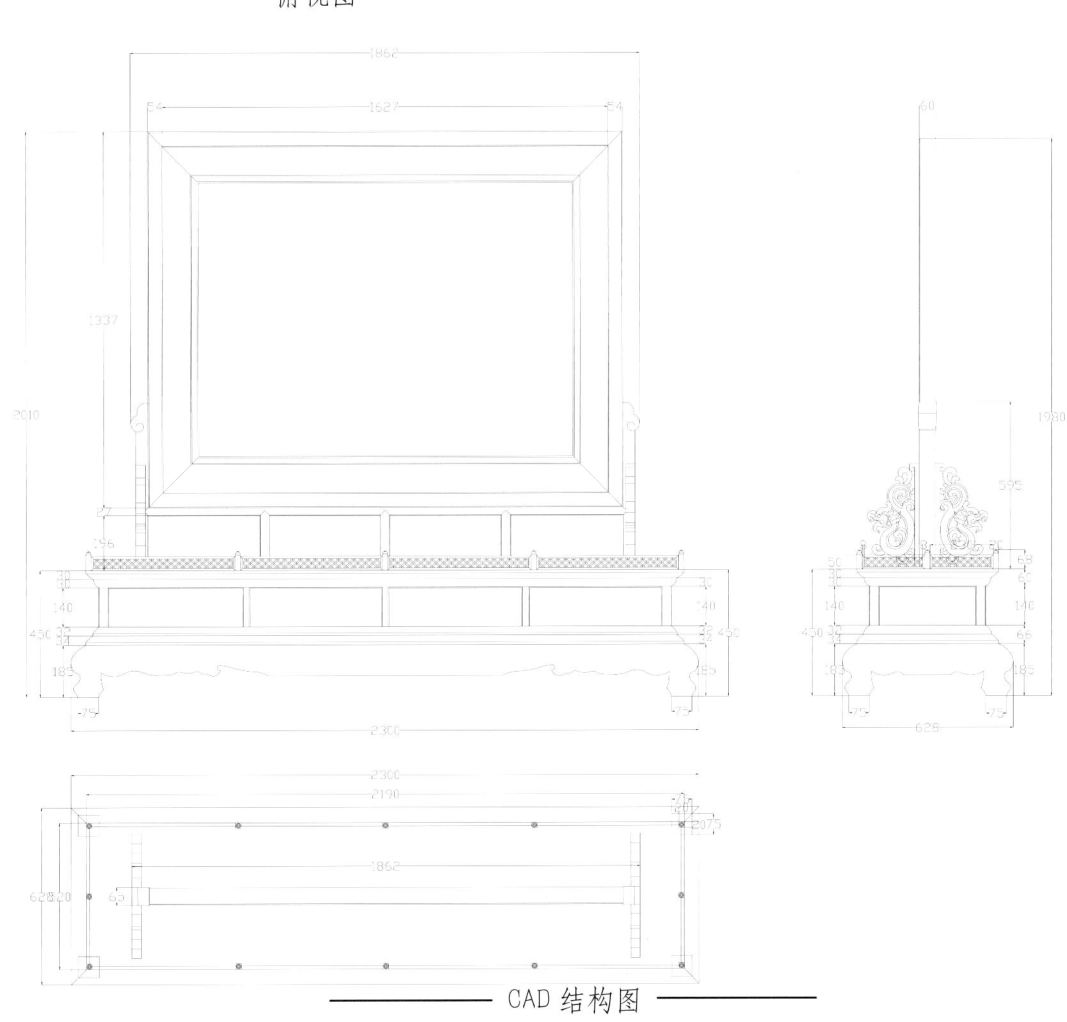

CAD 结构图

八　宝　屏　风

款式点评：

此屏风共六扇，以挂钩连接，每扇屏风分为三部分，顶部为浮雕纹样，中间是为镂空纹样，下部分为浮雕多云龙纹，各个威猛，雕刻精准，活灵活现，大有呼之欲出之感。屏风腿间均有牙板。

透视图

主视图　　侧视图

俯视图

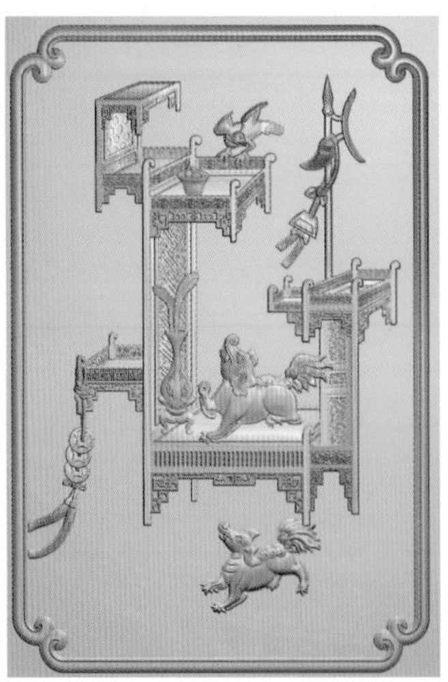

精雕图

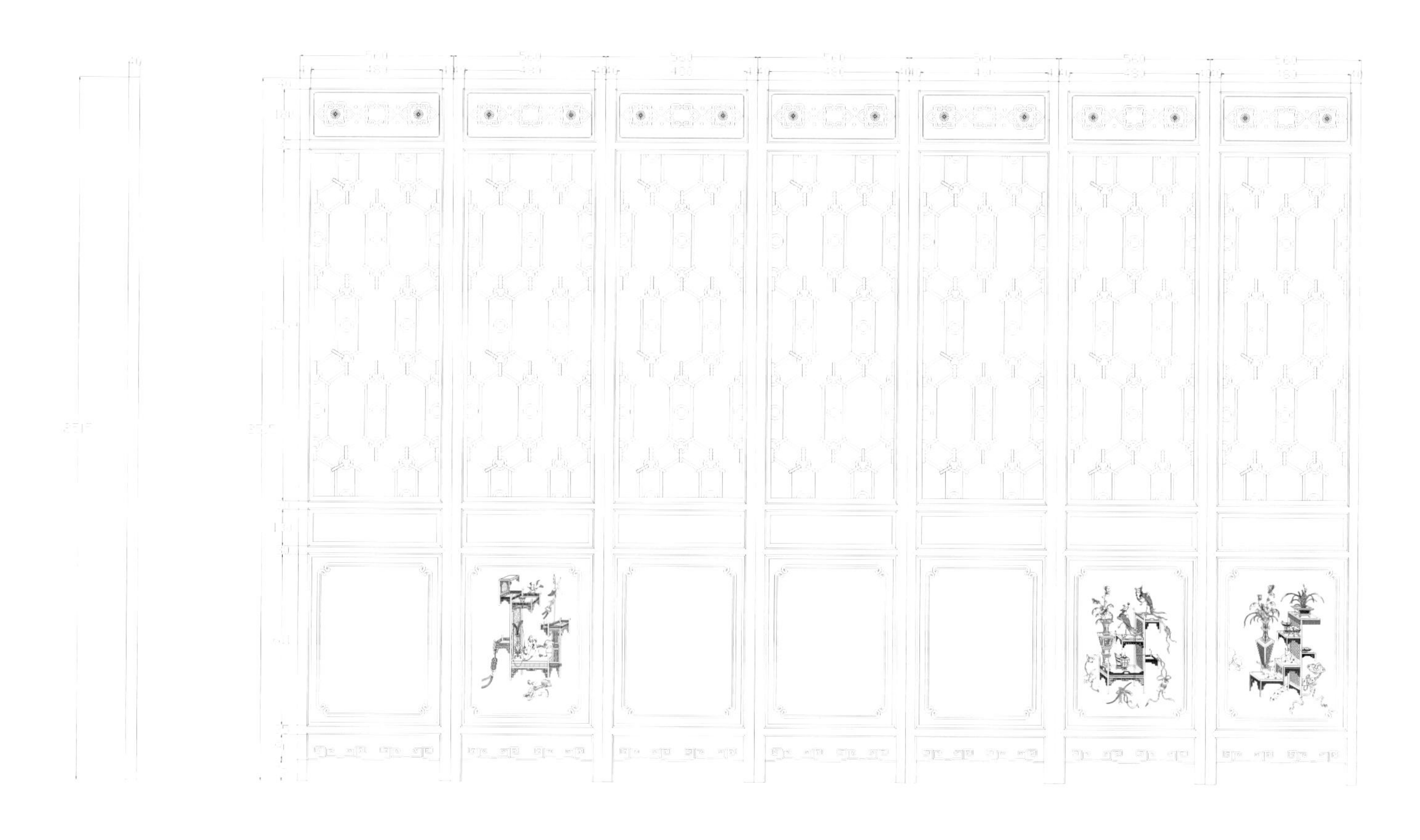

CAD 结构图

雕龙屏风

款式点评：

此屏风共六扇，该屏风用料考究，做工精良，气势宏大，整个屏风周身分为三部分，上中部为镂空雕纹，下部分为浮雕多云龙纹，各个威猛，雕刻精准，活灵活现，大有呼之欲出之感。屏风腿间均有牙板。

透视图

主视图

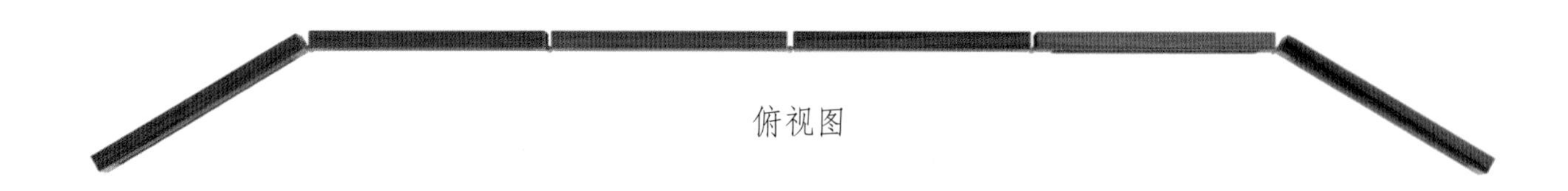

俯视图

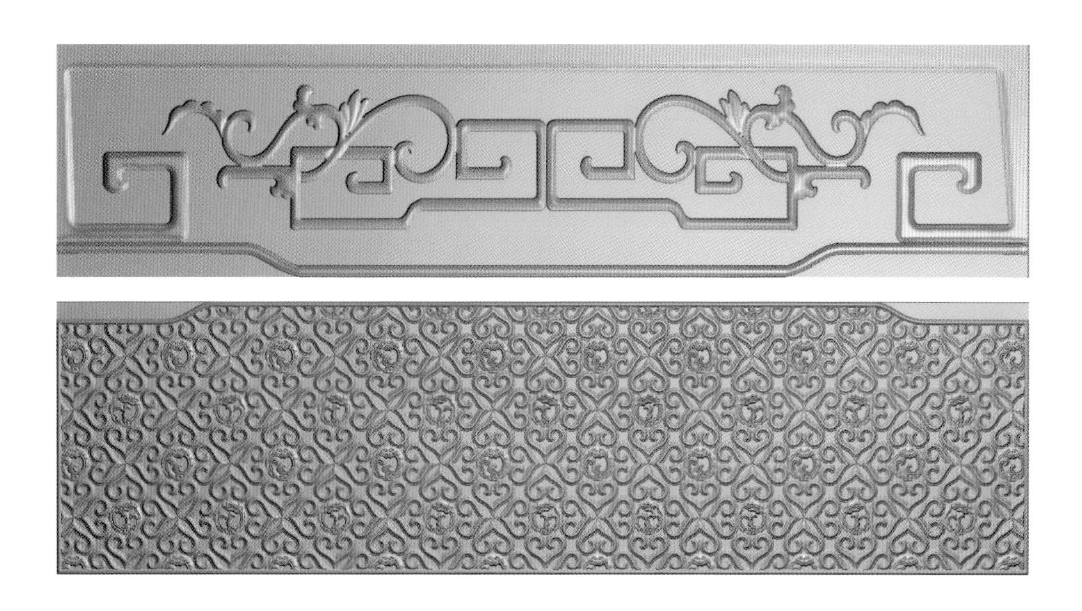

精雕图

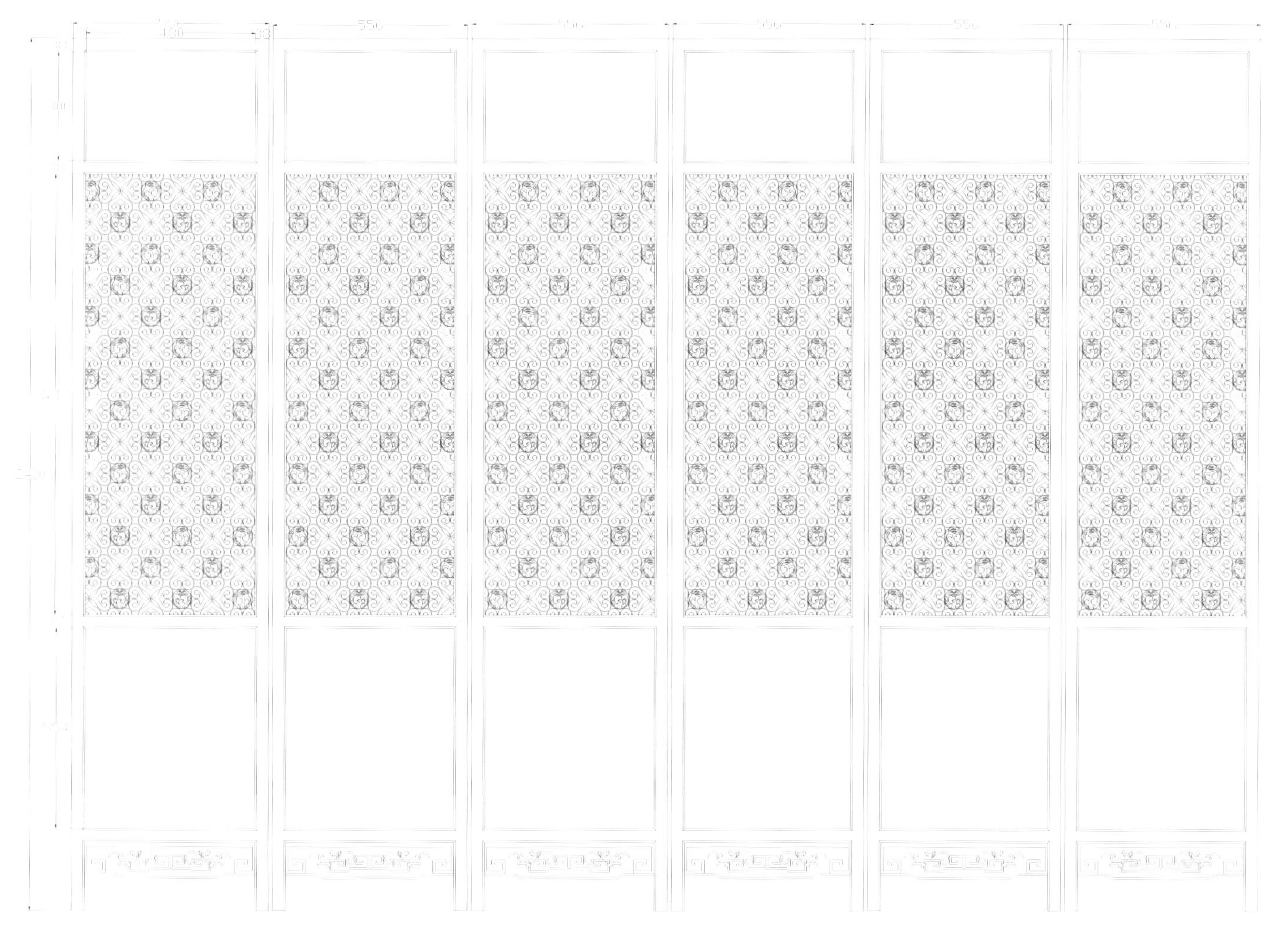

CAD 结构图

龙头衣帽架

透视图

款式点评：

此衣架两块横木做墩子，上植立柱，立柱前后有站牙抵夹，站牙为螭龙纹，两墩之间安由横直材组成的棂格，使下部联结牢固，并有一定的宽度，可摆放鞋履等物。其上加横枨和由一块透雕龙纹板构成的中牌子，图案整齐优美，最上是搭脑，两端出头，立体圆雕龙头。凡横材与立柱相交的地方，都有雕花挂牙和角牙支托。

主视图　　侧视图

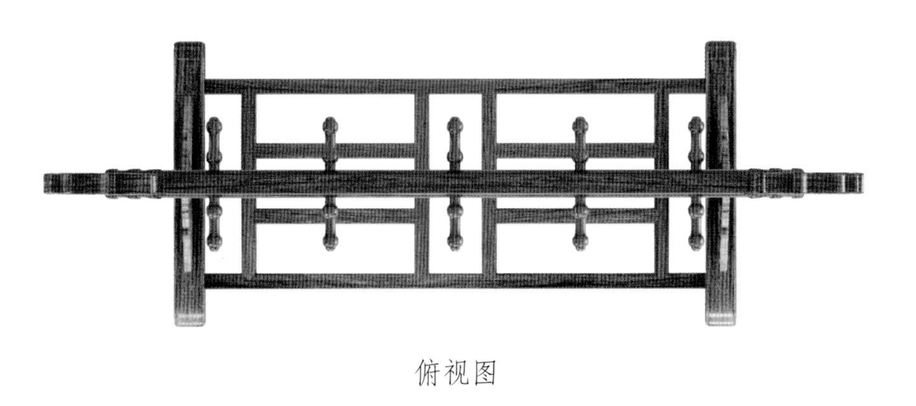

俯视图

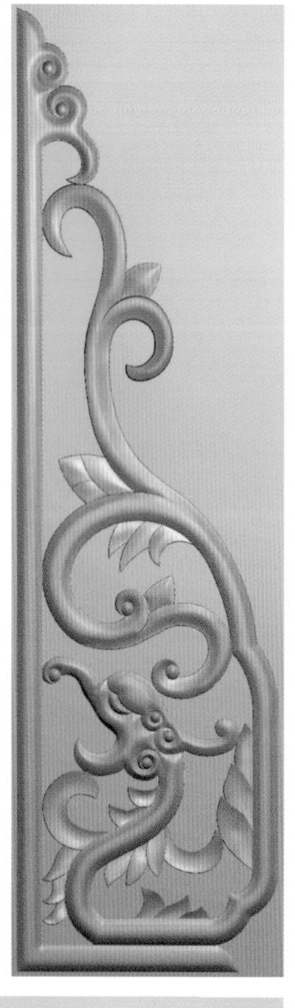

精雕图

CAD 结构图

衣 帽 架

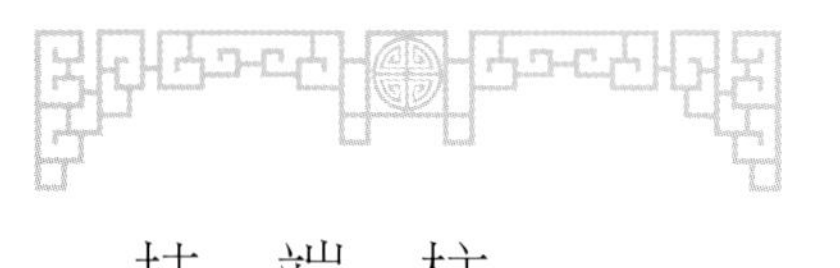

款式点评：

此衣架三足底座厚重稳固，上植立柱，立柱三面有站牙抵夹，站牙为螭龙纹。立柱上端有三条横杠，横杠与立柱交叉处均有雕花挂牙和角牙支托。整体美观稳固，方便实用。

透视图

俯视图

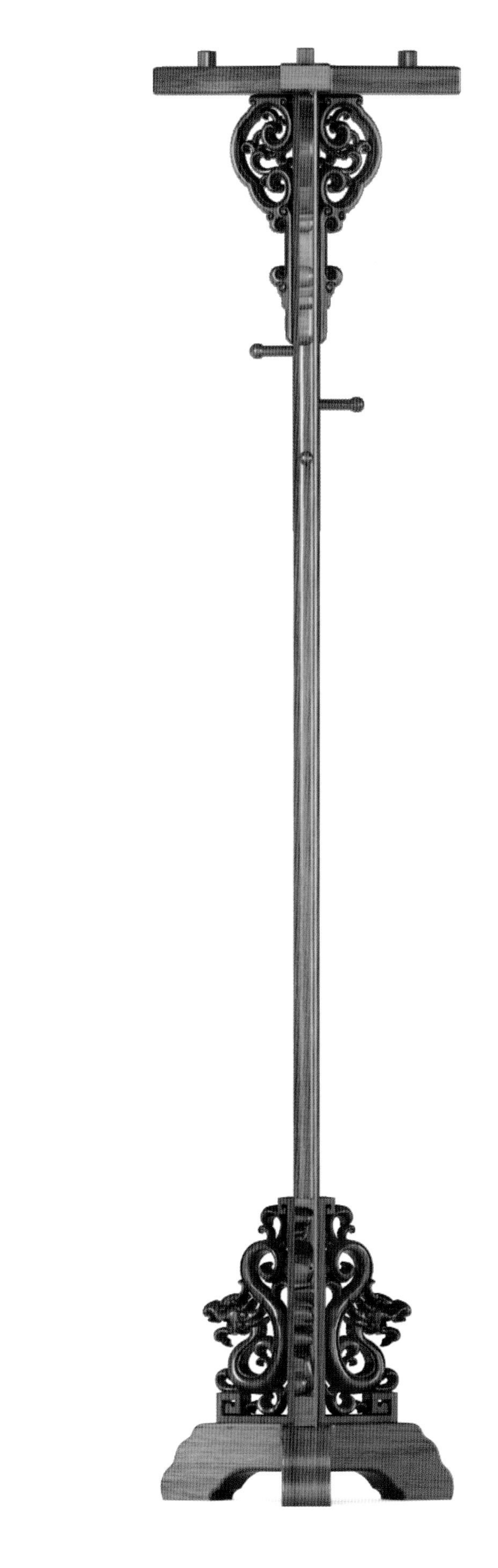

主视图

衣　帽　柜

透视图

款式点评：

此衣帽柜上半部分雕花精美细致，立柱内侧有站牙抵夹，站牙为螭龙纹。下半部分为鞋柜，柜门与屉面浮雕螭龙纹样。腿间有浮雕花纹式牙板，足处包铜活。

主视图

侧视图

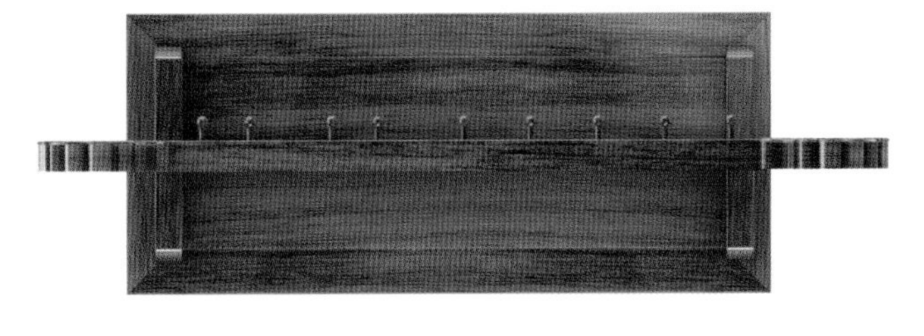

俯视图

精雕图

35
857
40
260
35
170
35
410
1892
1810
40
820
55
865
55
35
1085
405
350
1505
820
820

CAD 结构图

春夏秋冬挂屏

透视图

款式点评：

此挂屏浮雕春夏秋冬花鸟雕刻，整体雕饰精巧寓意祥和。挂在室内显得清新高雅。

主视图

CAD 结构图

精雕图

丝领花鸟挂屏

透视图

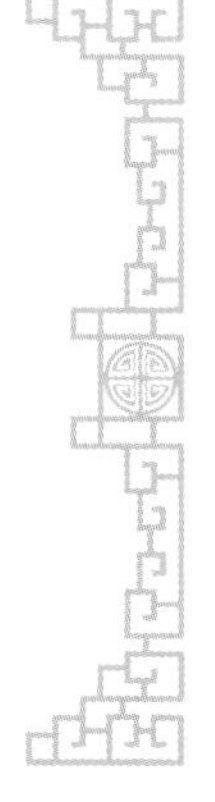

款式点评：

此此挂屏浮雕花鸟雕刻，整体雕饰精巧。花鸟形态逼真传神。挂在室内显得清新高雅。

主视图

CAD 结构图

透视图

主视图

花 鸟 挂 屏

透视图

款式点评：

此挂屏浮雕花鸟雕刻，整体雕饰精巧。花鸟形态逼真传神。挂在室内显得清新高雅。

主视图

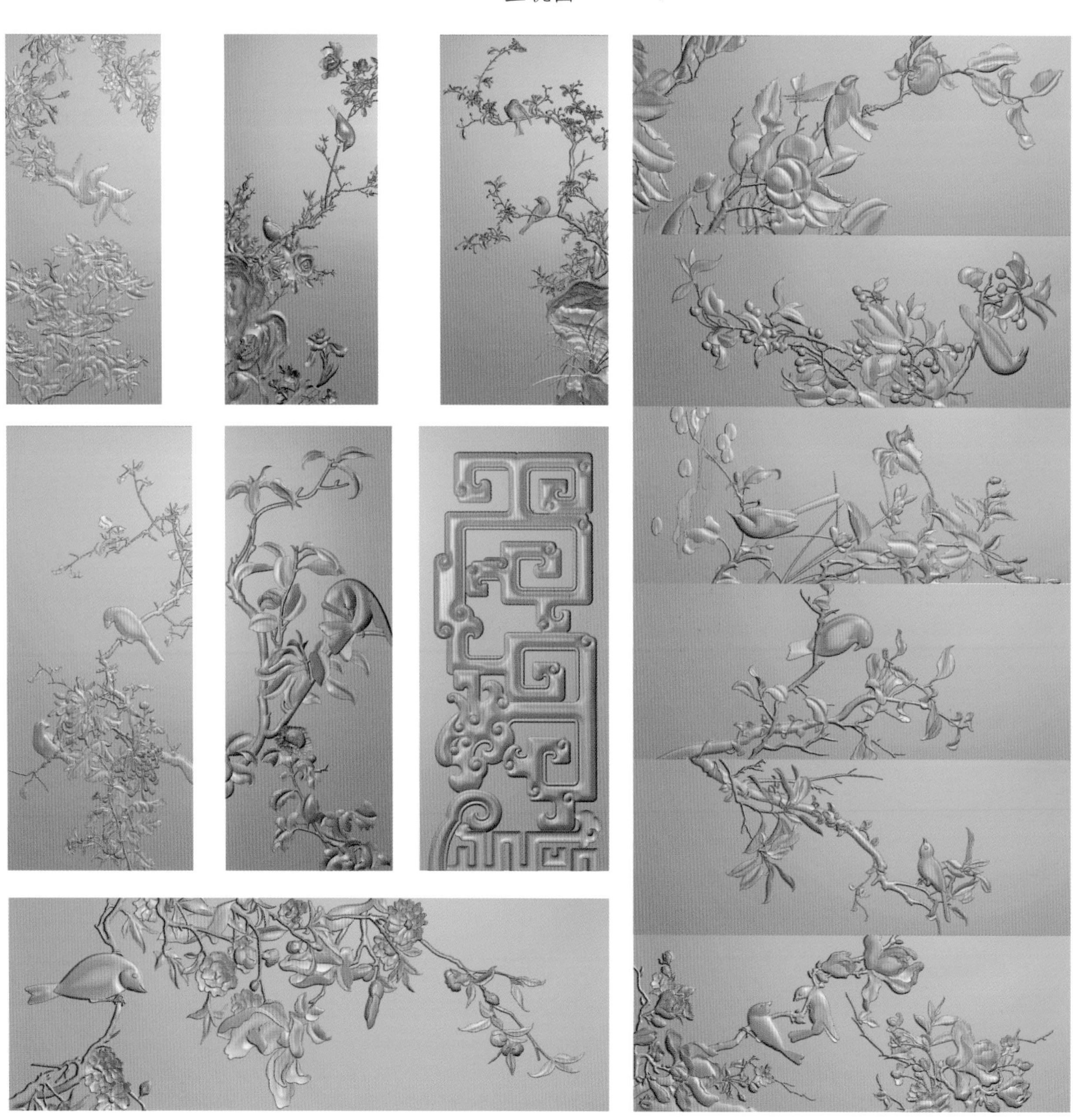

精雕图

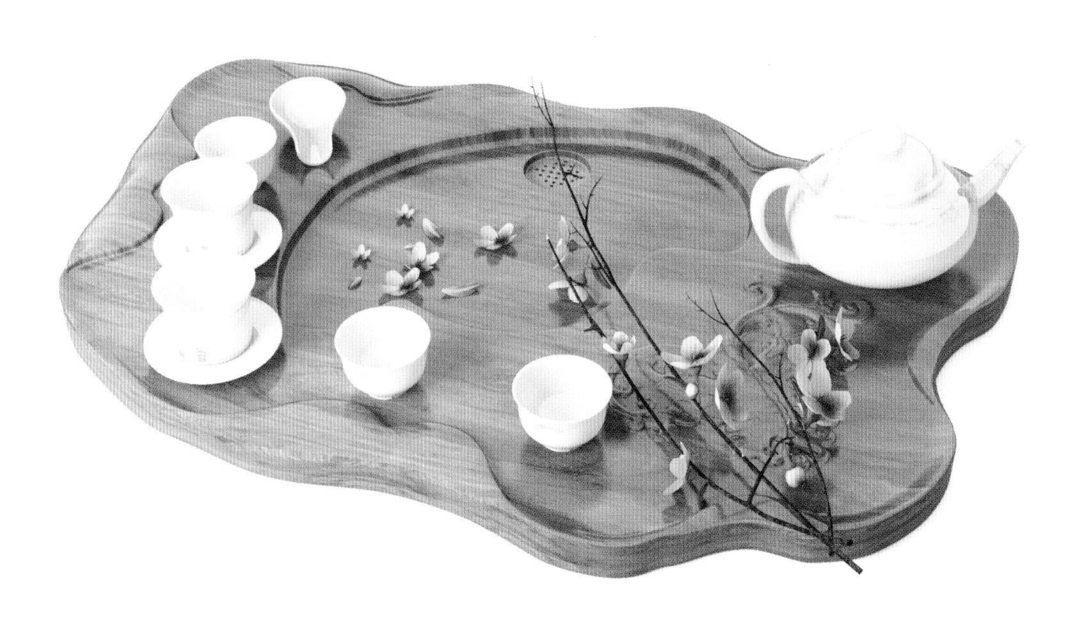

浮雕茶盘

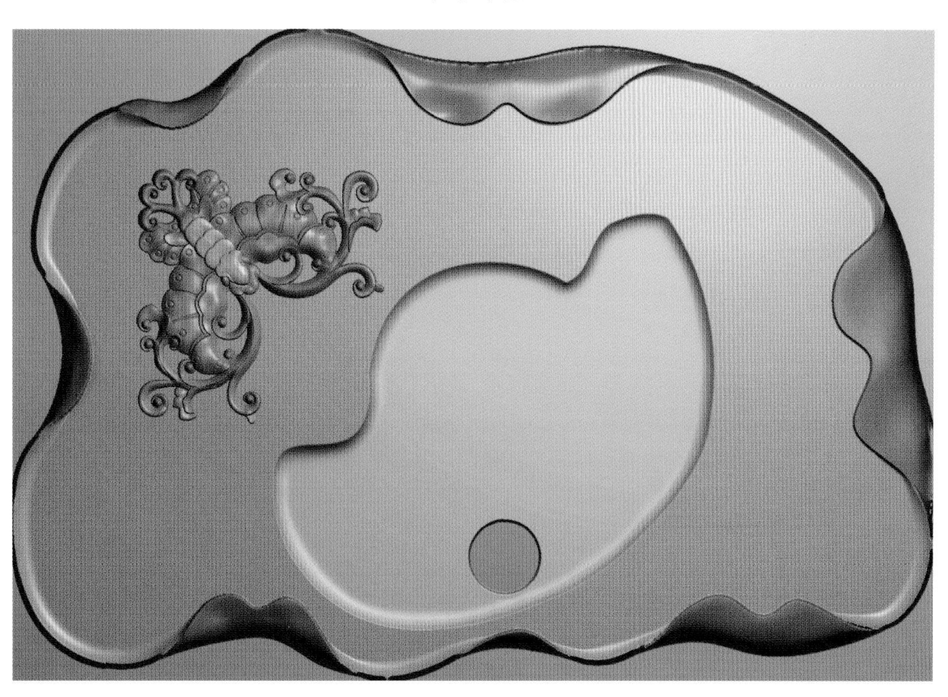

精雕图

款式点评：

茶盘边沿呈荷叶形卷曲，盘面浮雕花纹，盘池呈半圆形，造型古朴优雅。

松鹤茶盘

精雕图

款式点评：

茶盘面浮雕松鹤延年纹样，成斜坡行，茶盘与茶杯颜色对比鲜明，整体古朴雅致。

荷叶茶盘

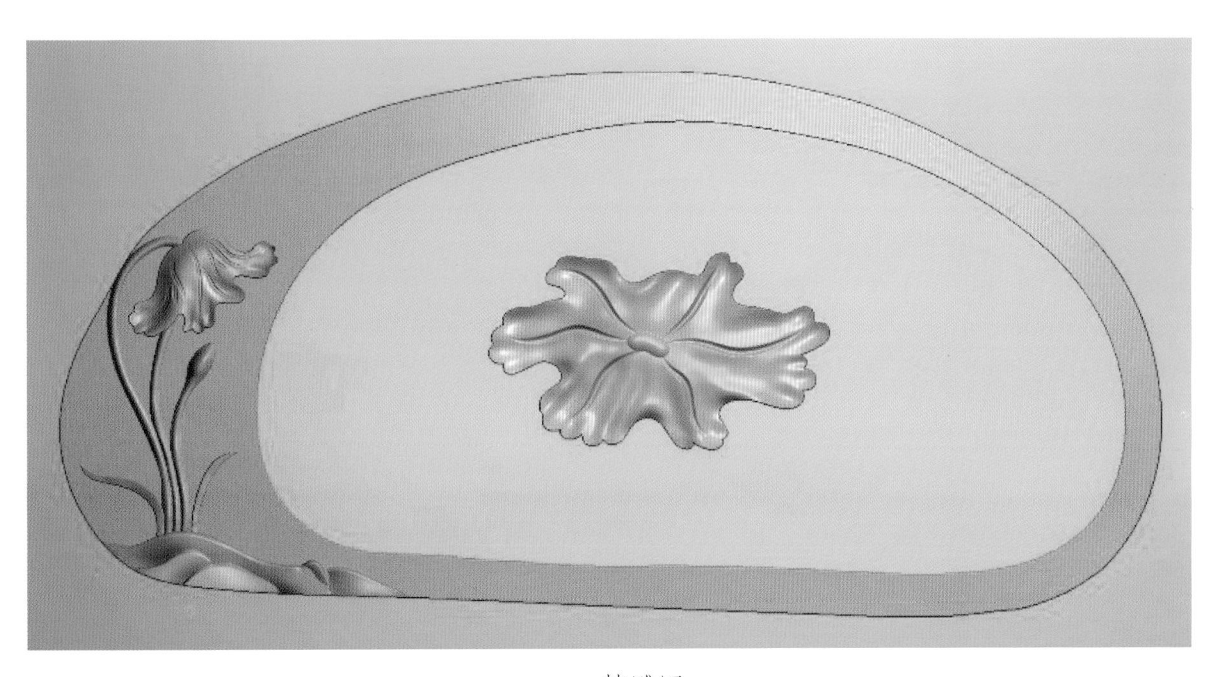

精雕图

款式点评：

茶盘呈长圆形，茶盘池内浮雕荷叶纹样，整体古朴优雅，美观大气。

单龙茶盘

精雕图

款式点评：

茶盘呈长方形，茶盘面浮雕单龙，池内呈阶梯形下下降，整体古朴优雅，美观大气。

龙茶盘

精雕图

款式点评：

茶盘外围盘龙，盘龙为墨色，盘内茶池内置放白色茶具，色彩对比强烈，整体寓意祥瑞，整体古朴优雅，美观大气。

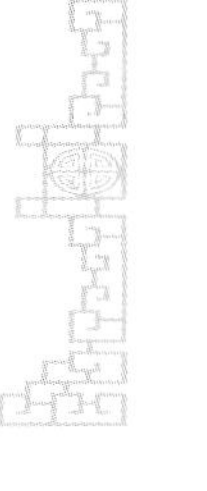

鲤鱼茶盘

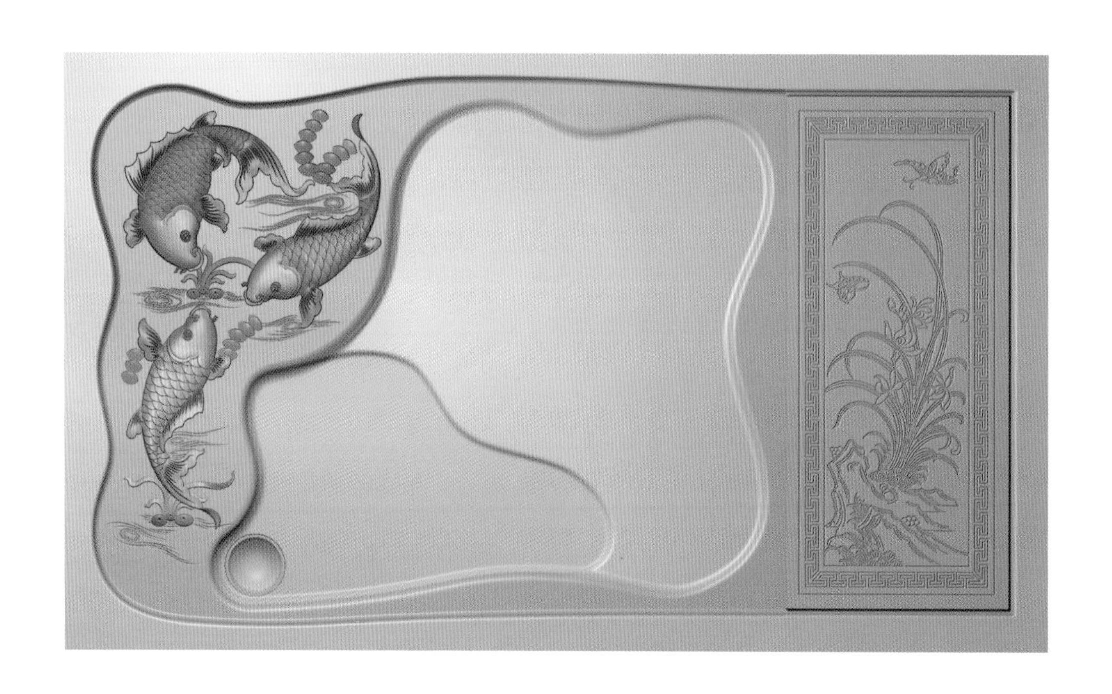

精雕图

款式点评：

茶盘呈长方形，茶盘面浮雕锦鲤，池内造型类似水池，寓意祥瑞，整体古朴优雅，美观大气。

双龙茶盘

精雕图

款式点评：

茶盘外围浮雕云龙，中间有一圆形宝珠，寓意二龙戏珠，整体古朴优雅，美观大气。

竹叶鸟茶盘

精雕图

款式点评：

茶盘外围竹节，盘内茶池弧形下洼，整体茶盘为深色，与茶具色彩对比强烈，整体美观大气。

三个和尚没水喝茶盘

精雕图

款式点评：

茶盘外形呈现不规则圆形，内面浮雕三个和尚没水吃图样，故事诙谐并有一定哲理性，整体显得趣味盎然。

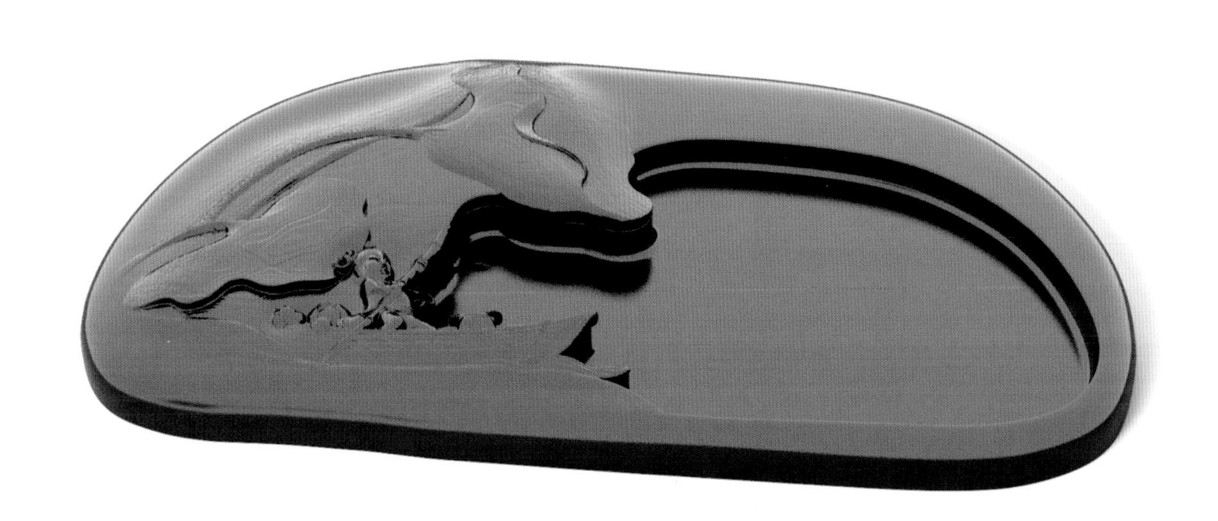

童子茶盘

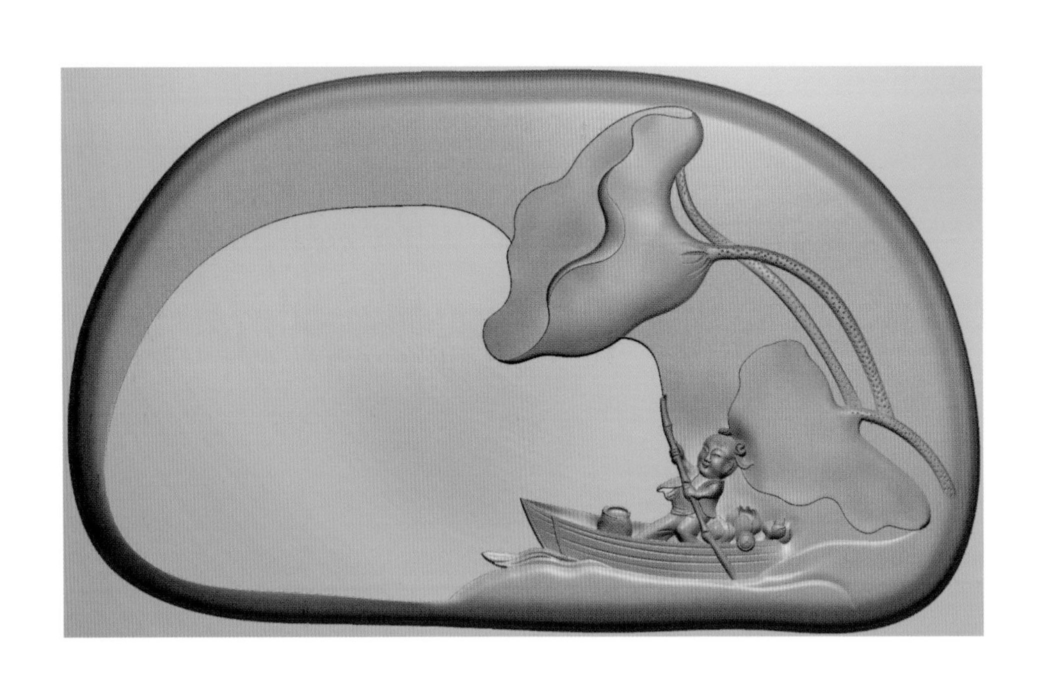

精雕图

款式点评：

此茶盘面浮雕童子摇船泛舟图，并且有相应莲叶浮雕，整体优雅并有趣味性，给人清新脱俗的感觉。

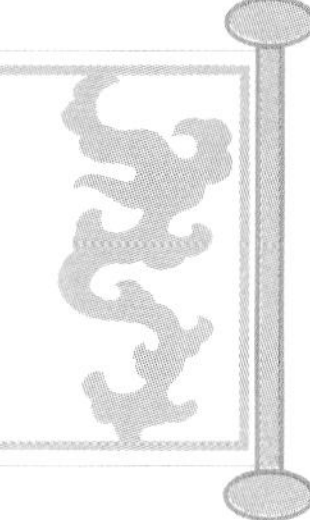

透视图

透视图

附：明清宫廷府邸古典家具图录（含部分新古典家具款式）

组合和其他类

其他类：

中国古典家具的历史源远流长，随着经济、文化艺术的发展，深化出众多造型各异、异彩纷呈的家具。除了椅凳类、桌案类、床榻类、柜架类的家具之外，还有很多种类名目，如：书箱、印匣、提盒、屏风、盆架、镜台、笔筒、雕件及组合类等，在此全部归纳为“其他类”。

按照功能和作用大致分为以下“四个类别”：

①置物类：书箱、衣箱、官皮箱、百宝箱、文具箱、印匣、其他箱匣、都承盘、提盒等；

②屏风类：地屏、床屏、梳头屏、灯屏、挂屏、曲屏风等；

③架具类：衣架、面盆架、镜台、烛台、承足等；

④摆件类：笔筒、墨盒、碟架、雕件等。

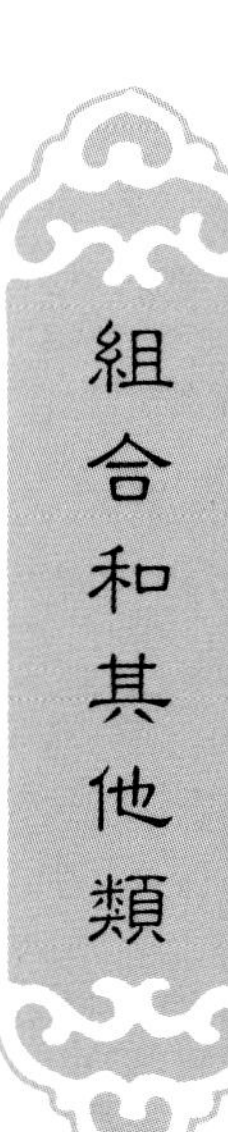

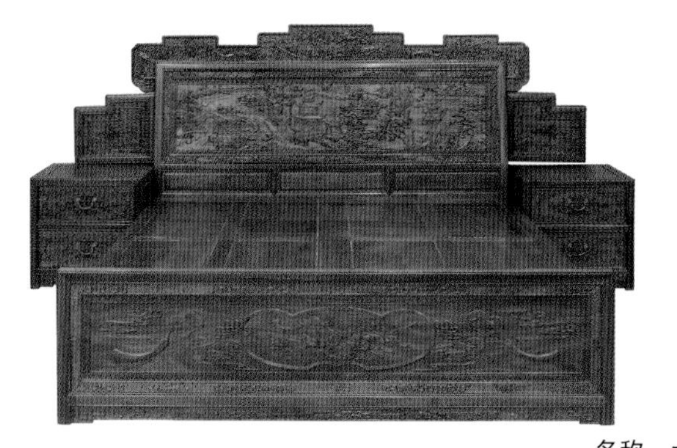

名称：大床

名称：大床

名称：大床

名称：大床

名称：大床

名称：大床

名称：大床

名称：大床

名称：大床

名称：大床

名称：大床

名称：大床

名称：大床

名称：大床

名称：大床

名称：大床

名称：大床

名称：大床

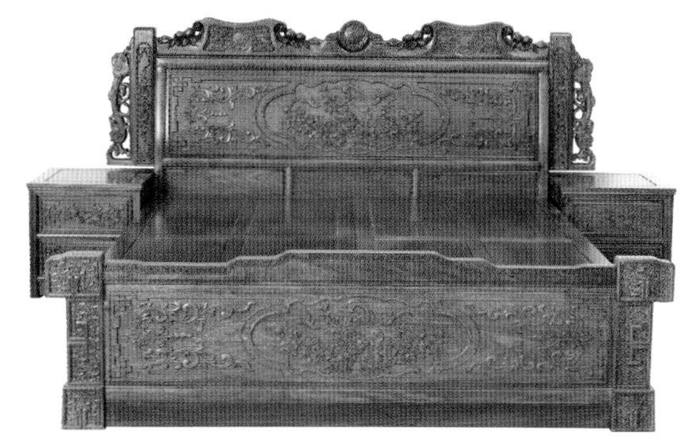

名称：大床

名称：大床

名称：大床

名称：大床

名称：大床

名称：大床

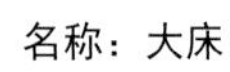
名称：大床

名称：大床

名称：大床

名称：大床

名称：大床

名称：大床

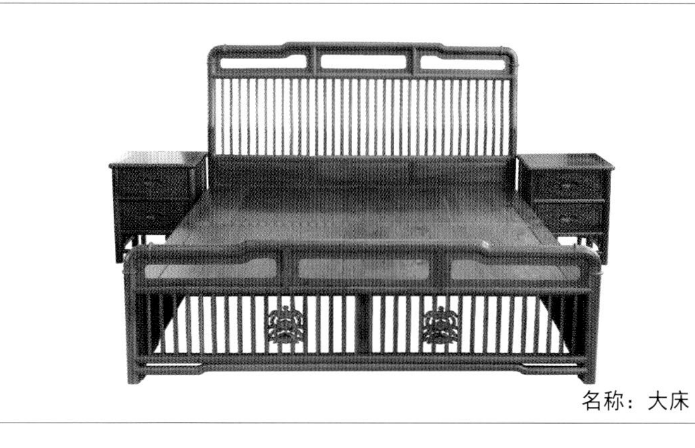

名称：大床

名称：大床

名称：大床

名称：大床

名称：大床

名称：大床

名称：大床

名称：大床

名称：大床

名称：大床

名称：四季电视柜

名称：三组合电视柜

名称：五福视柜

名称：回纹电视柜

名称：四季电视柜

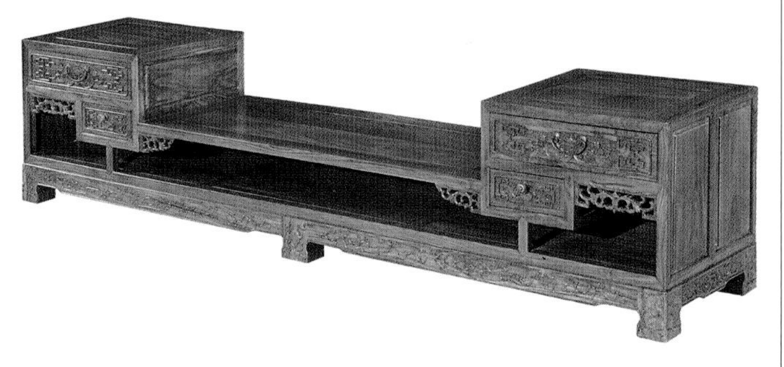

名称：富贵电视柜

名称：电视柜

名称：四季电视柜

名称：回纹三组合电视柜

名称：云纹电视柜

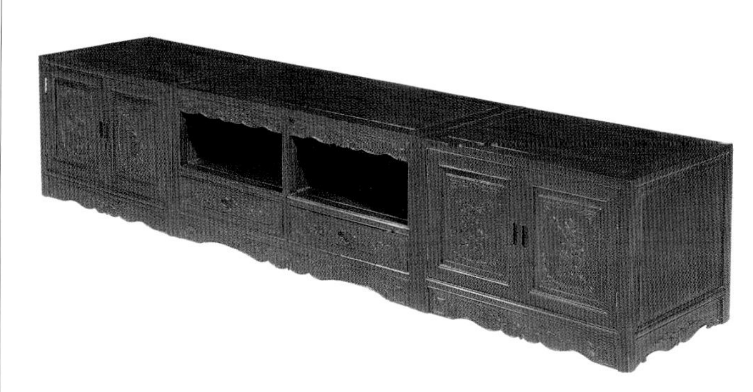

名称：园林风光电视柜

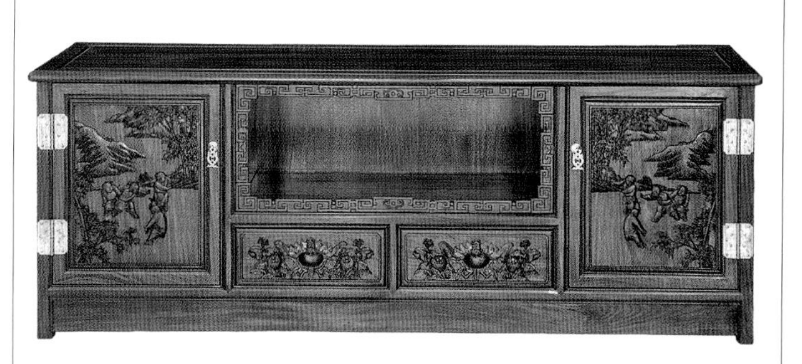

名称：百子电视柜

名称：四季平安电视柜

名称：百福电视柜

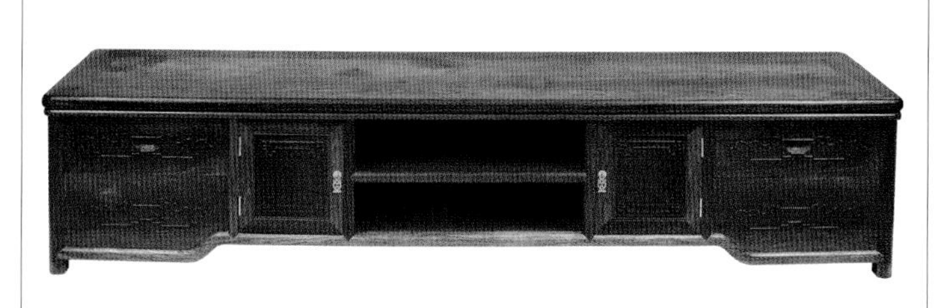

名称：明式电视柜

名称：百子电视柜

名称：竹报平安电视柜

名称：素面电视柜

名称：祥瑞电视柜

名称：电视柜

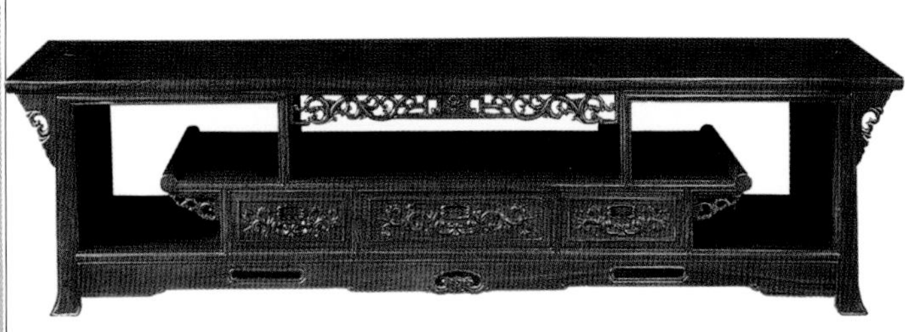

名称：扬花电视柜

名称：电视柜

名称：高低电视柜

名称：电视柜

名称：音响柜

名称：欧式电视柜

名称：草龙电视柜

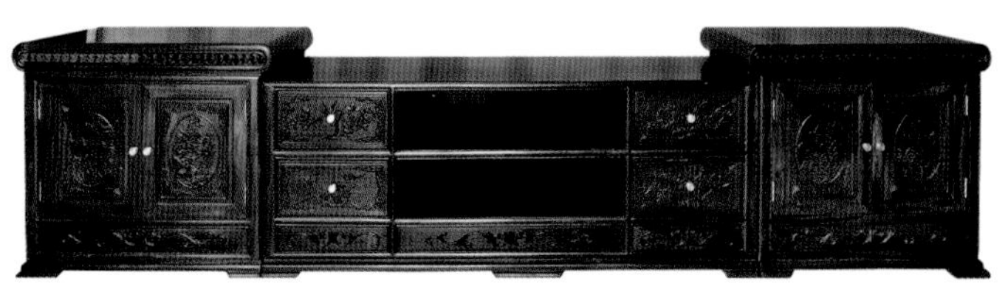

名称：花鸟电视柜

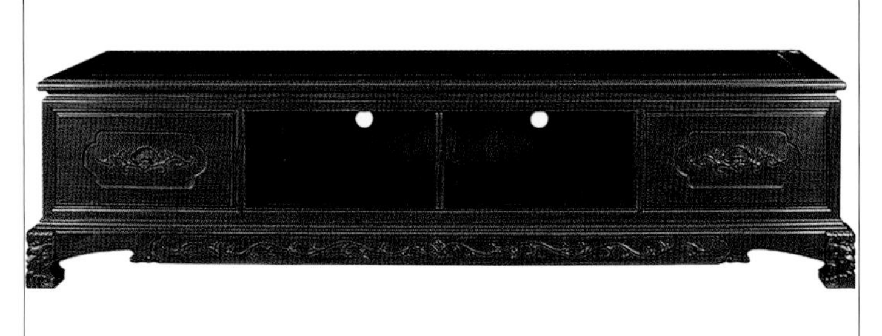

名称：电视柜

名称：电视柜

名称：电视柜

名称：电视柜

名称：春暖人间电视柜

名称：草文高低电视柜

名称：祥云电视柜

名称：狮脚电视柜

名称：电视柜

名称：电视柜

名称：电视柜

名称：电视柜

名称：电视柜

名称：电视柜

名称：电视柜

名称：电视柜

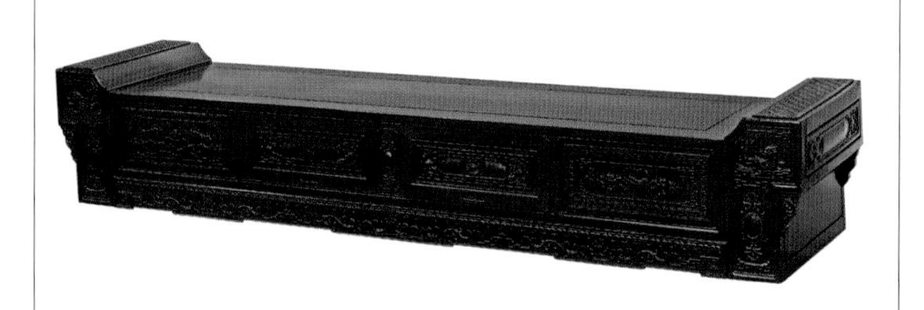

名称：电视柜

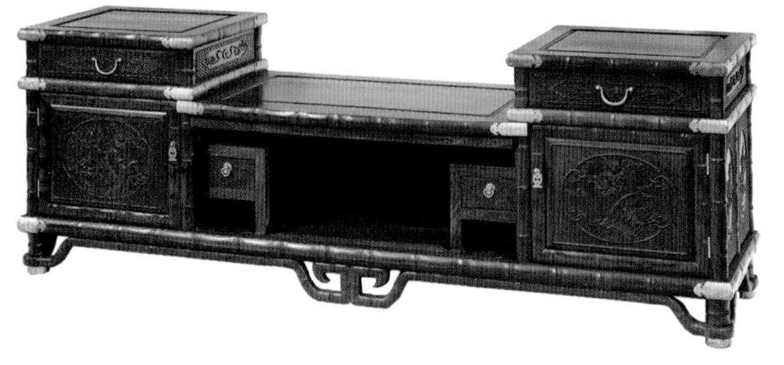

名称：电视柜

名称：电视柜

名称：电视柜

名称：电视柜

名称：电视柜

名称：电视柜

名称：电视柜

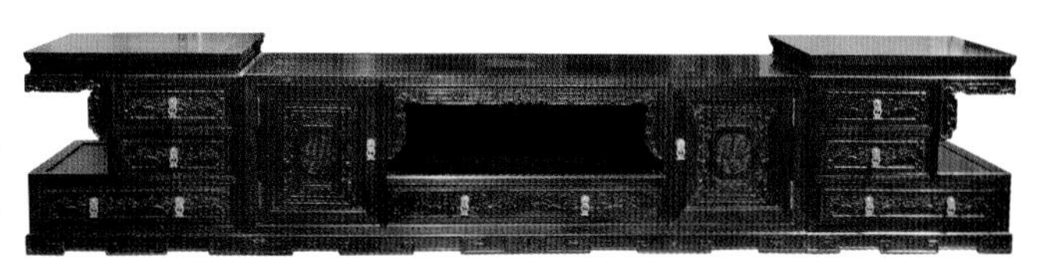

名称：电视柜

名称：电视柜

名称：电视柜

名称：电视柜

名称：电视柜

名称：电视柜

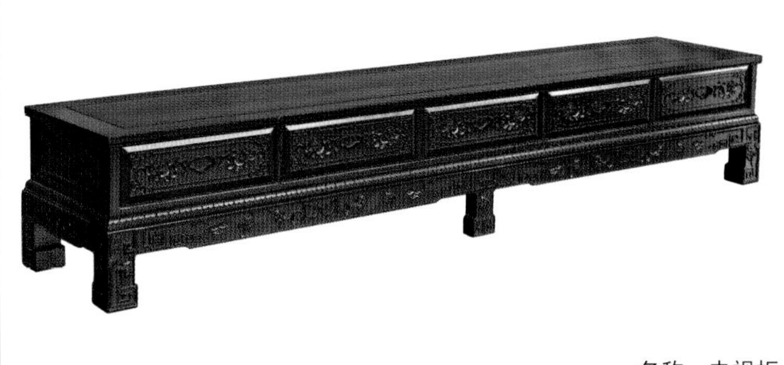

名称：电视柜

名称：电视柜

名称：电视柜

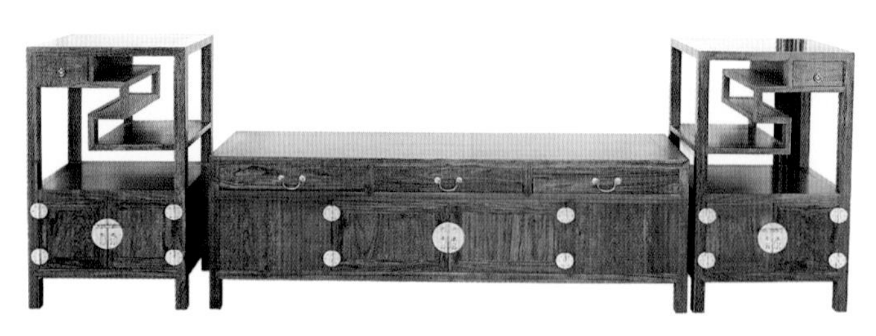
名称：电视柜

名称：电视柜

名称：电视柜

名称：电视柜

名称：电视柜

名称：电视柜

名称：电视柜

名称：电视柜

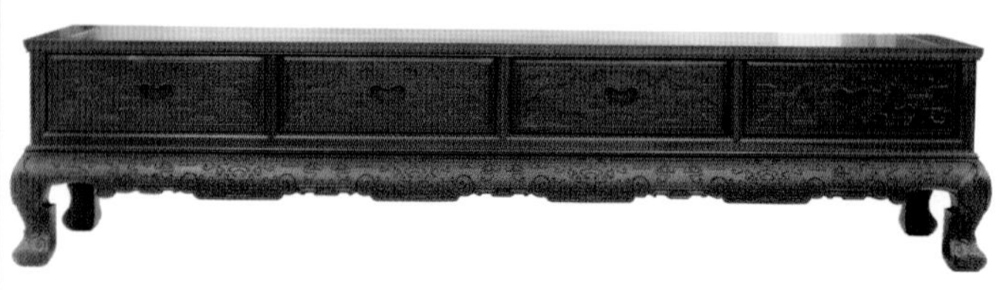
名称：电视柜

名称：电视柜

名称：电视柜

名称：电视柜

名称：电视柜

名称：电视柜

名称：电视柜

名称：电视柜

名称：电视柜

名称：电视柜

名称：电视柜

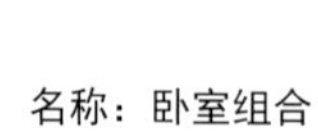

名称：卧室组合

名称：卧室组合

名称：卧室组合

名称：卧室组合

名称：卧室组合

名称：卧室组合

名称：卧室组合

名称：卧室组合

名称：卧室组合

名称：卧室组合

名称：卧室组合

名称：卧室组合

名称：卧室组合

名称：卧室组合

名称：卧室组合

名称：卧室组合

名称：卧室组合

名称：卧室组合

名称：卧室组合

名称：卧室组合

名称：卧室组合

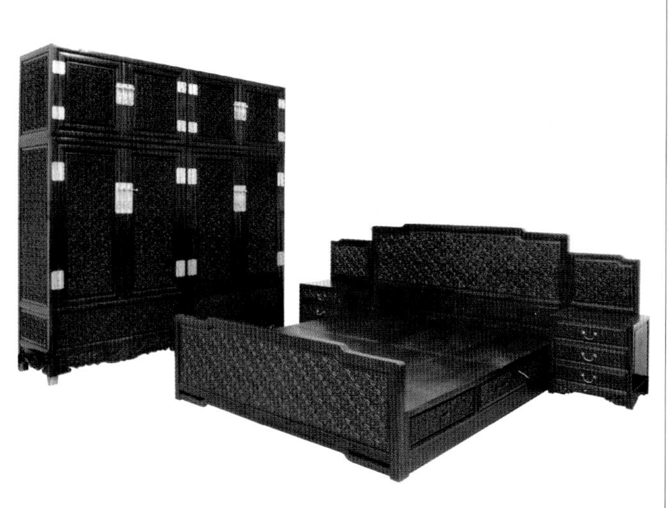

名称：卧室组合

名称：卧室组合

名称：卧室组合

名称：灵芝中堂

名称：五福中堂

名称：八宝灵芝中堂

名称：卷书中堂

名称：雕龙中堂

名称：卷书中堂

名称：灵芝中堂

名称：灵芝中堂

名称：灵芝中堂

名称：铜钱中堂

名称：灵芝中堂

名称：灵芝中堂

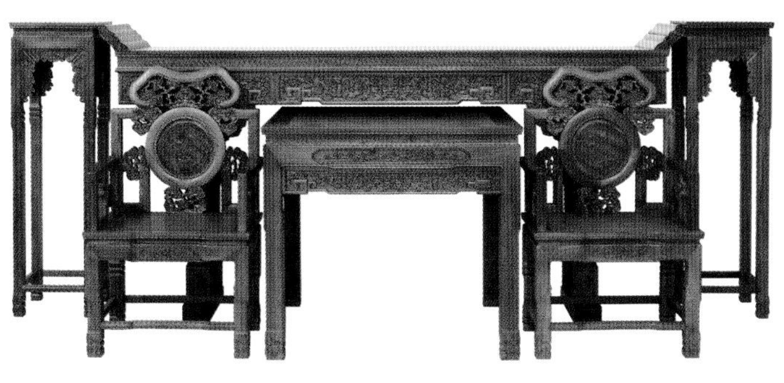

名称：灵芝中堂

名称：灵芝中堂

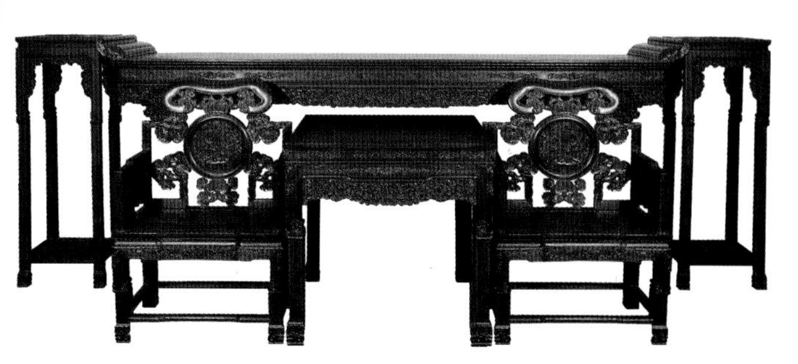

名称：灵芝中堂

名称：中堂

名称：灵芝中堂

名称：灵芝中堂

名称：灵芝中堂

名称：中堂

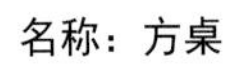
名称：方桌

名称：休闲桌

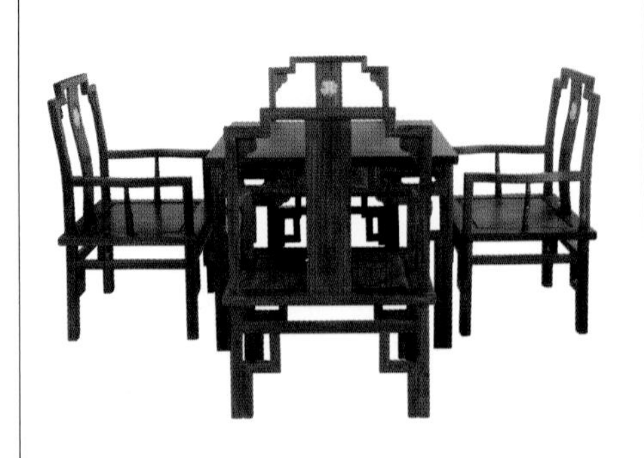
名称：方桌

名称：方桌

名称：方桌

名称：方桌

名称：方桌

名称：方桌

名称：方桌

名称：方桌

名称：圆台

名称：广式云龙圆台

名称：简欧圆台

名称：圆台

名称：圆台

名称：广式圆台

名称：圆台

名称：圆台

名称：圆台

名称：富贵圆台

名称：圆台

名称：汉宫圆台

名称：汉宫圆台

名称：圆台

名称：圆台

名称：圆台

名称：如意圆台

名称：圆台

名称：圆台

名称：如意大圆台

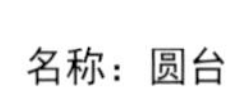

名称：圆台

名称：圆台

名称：如意大圆台

名称：圆台

名称：圆台

名称：象头如意圆台

名称：明式圆台

名称：罗马圆台

名称：小台几

名称：杨花圆台

名称：明式草龙纹大圆台

名称：圆鼓桌

名称：圆台

名称：圆台

名称：四人圆台

名称：圆台

名称：圆台

名称：明式大圆台

名称：餐桌

名称：明式餐桌

名称：明式餐桌

名称：餐桌

名称：餐桌

名称：餐桌

名称：餐桌

名称：餐桌

名称：餐桌

名称：万福餐台

名称：餐桌

名称：餐桌

名称：明式餐桌

名称：明式餐桌

名称：明式餐桌

名称：新中式餐台

名称：竹节餐桌

名称：餐桌

名称：餐桌

名称：餐桌

名称：餐桌

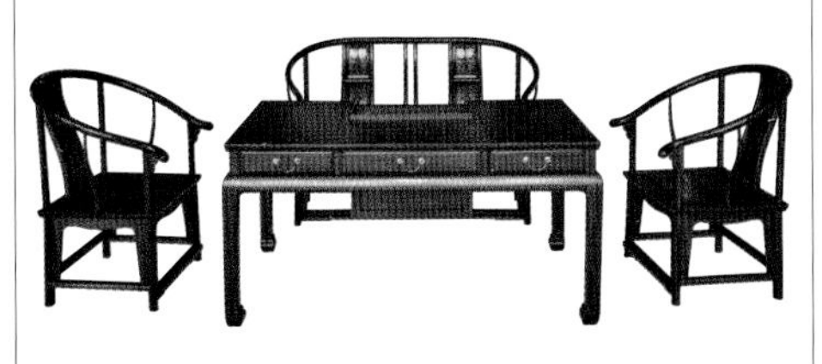

名称：餐桌

名称：卷书餐桌

名称：餐桌

名称：办公组合

名称：办公组合

名称：办公组合

名称：办公组合

名称：办公组合

名称：办公组合

名称：办公组合

名称：办公组合

名称：办公组合

名称：办公组合

名称：办公组合

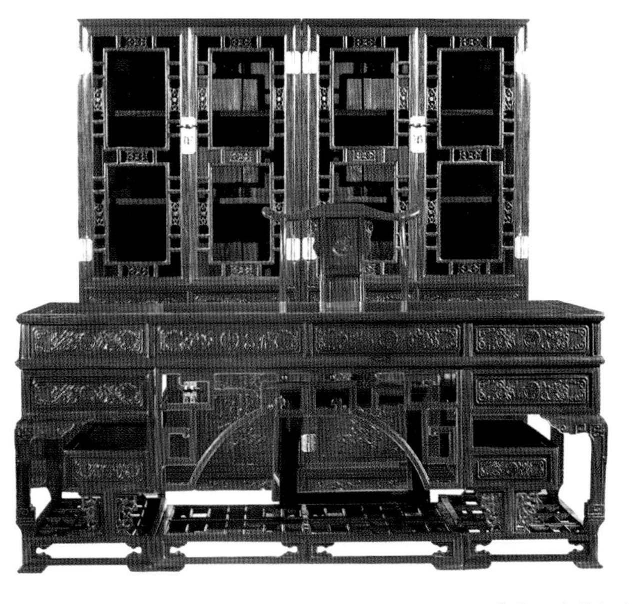

名称：办公组合

名称：办公组合

名称：办公组合

名称：办公组合

名称：办公组合

名称：办公组合

名称：办公组合

名称：办公组合

名称：办公组合

名称：办公组合

名称：办公组合

名称：办公组合

名称：办公组合

名称：办公组合

名称：办公组合

名称：办公组合

名称：办公组合

名称：办公组合

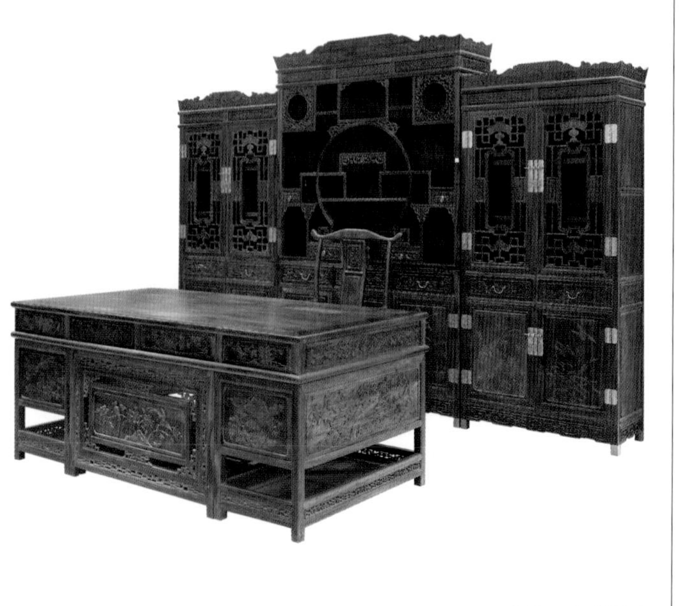

名称：办公组合

名称：办公组合

名称：办公组合

名称：办公组合

名称：办公组合

名称：办公组合

名称：办公组合

名称：办公组合

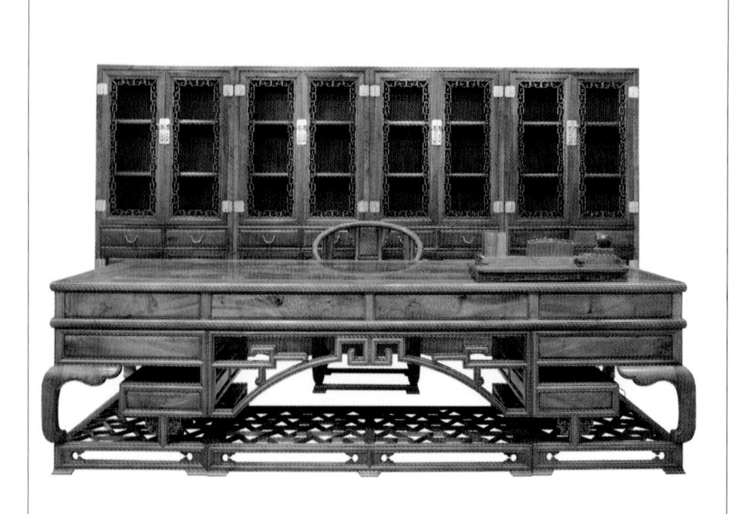
名称：办公组合

名称：办公组合

名称：办公组合

名称：办公组合

名称：办公组合

名称：办公组合

名称：办公组合

名称：办公组合

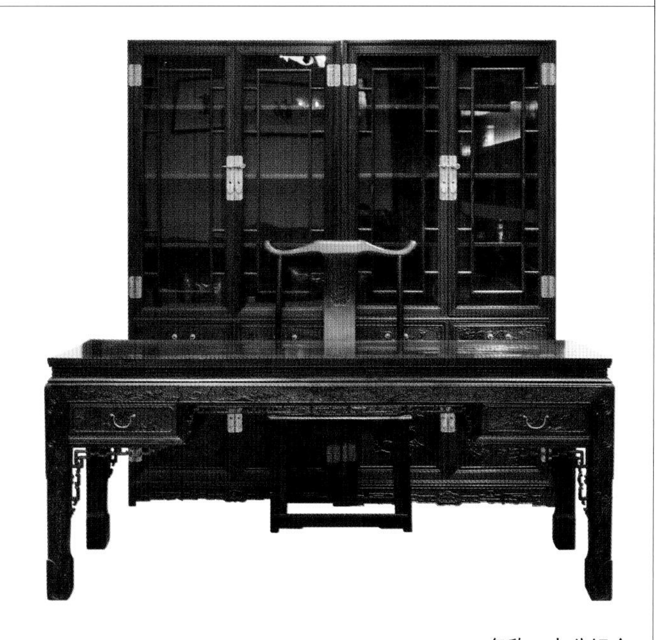

名称：办公组合

名称：办公组合

名称：办公组合

名称：办公组合

名称：办公组合

名称：办公组合

名称：办公组合

名称：办公组合

名称：办公组合

名称：办公组合

名称：办公组合

名称：办公组合

名称：办公组合

名称：办公组合

名称：办公组合

名称：办公组合

名称：办公组合

名称：办公组合

名称：办公组合

名称：办公组合

名称：办公组合

名称：办公组合

名称：办公组合

名称：办公组合

名称：办公组合

名称：办公组合

名称：办公组合

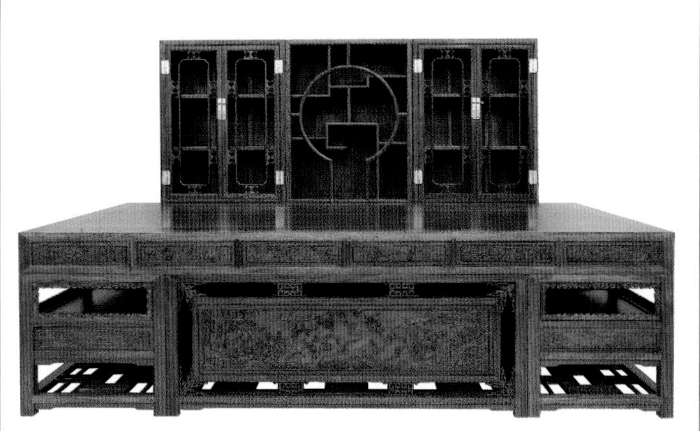

名称：办公组合

名称：办公组合

名称：办公组合

名称：办公组合

名称：办公组合

名称：办公组合

名称：办公组合

名称：办公组合

名称：办公组合

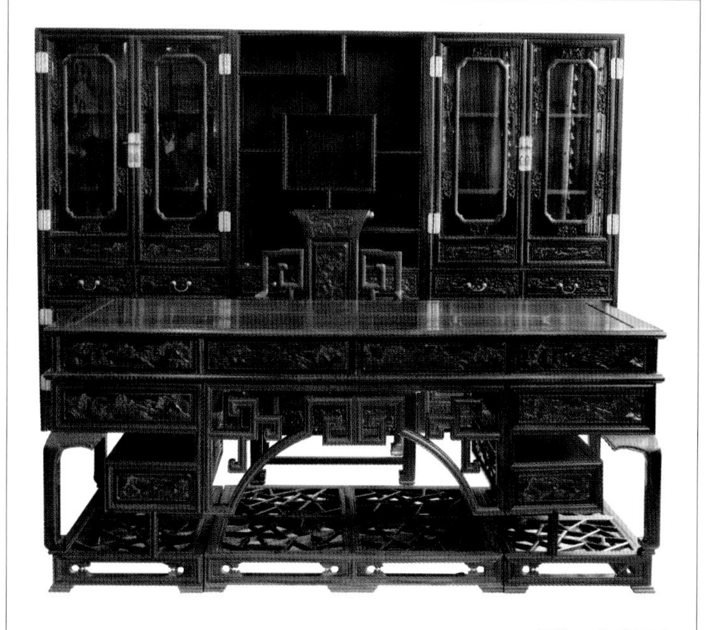

名称：办公组合

名称：办公组合

名称：办公组合

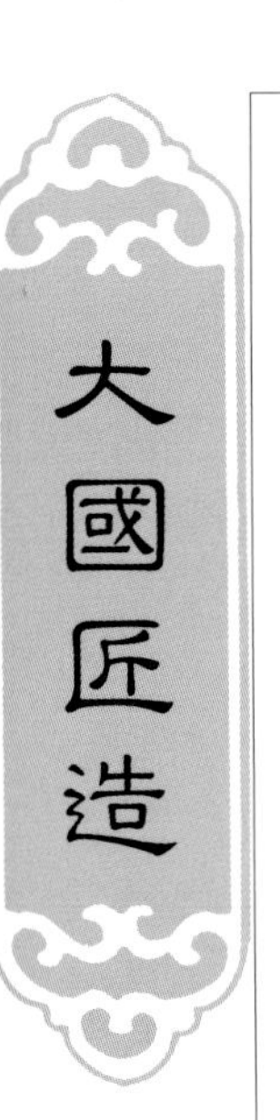

名称：办公组合

名称：办公组合

名称：办公组合

名称：办公组合

名称：办公组合

名称：办公组合

名称：办公组合

名称：办公组合

名称：办公组合

名称：办公组合

名称：办公组合

名称：办公组合

名称：办公组合

名称：办公组合

名称：梳妆台

名称：梳妆台

名称：梳妆台

名称：哥特式梳妆台

名称：梳妆台

名称：梳妆台

名称：梳妆台

名称：梳妆台

名称：梳妆台

名称：梳妆台

名称：梳妆台

名称：杨花梳妆台

名称：玫瑰梳妆台

名称：草龙梳妆台

名称：小妆台

名称：才龙梳妆台

名称：梳妆台

名称：梳妆台

名称：梳妆台

名称：梳妆台

名称：梳妆台

名称：富贵梳妆台

名称：富贵梳妆台

名称：杨花梳妆台

名称：富贵梳妆台

名称：梳妆台

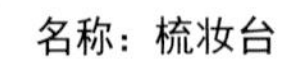

名称：梳妆台

名称：竹节梳妆台

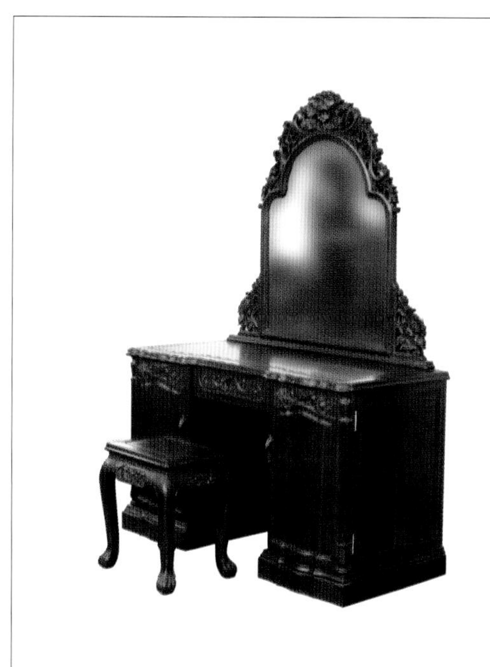

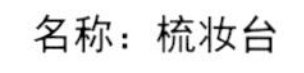

名称：梳妆台

名称：龙珠梳妆台

名称：梳妆台

名称：梳妆台

名称：梳妆台

名称：莲花梳妆台

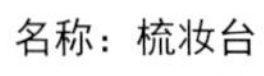

名称：梳妆台

名称：梳妆台

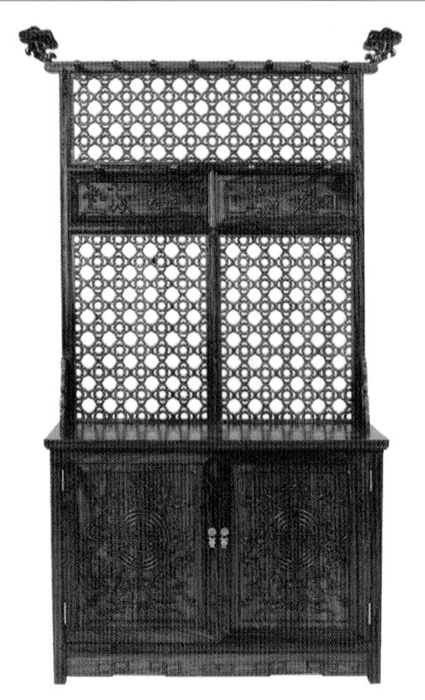

名称：柜式衣架

名称：柜式衣架

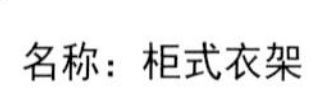

名称：柜式衣架

名称：神龛

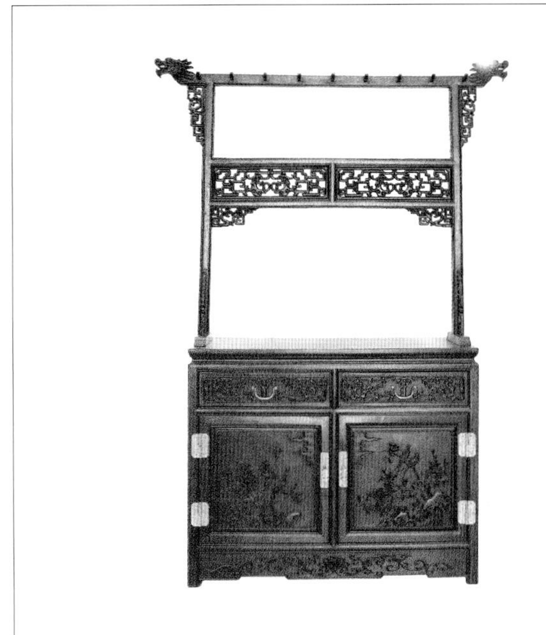

名称：柜式衣架

名称：神龛

名称：柜式衣架

名称：高脚凳

名称：柜式衣架

名称：柜式衣架

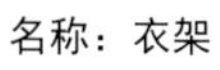

名称：衣架

名称：柜式衣架

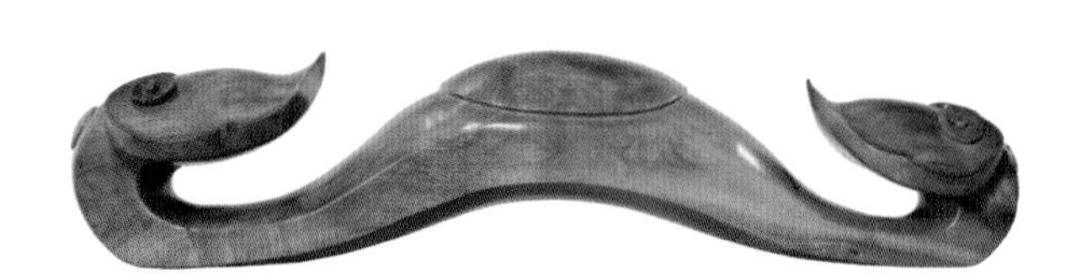

名称：木雕摆件

名称：婴儿床

名称：龙马精神

名称：木雕摆件

名称：博风衣帽架

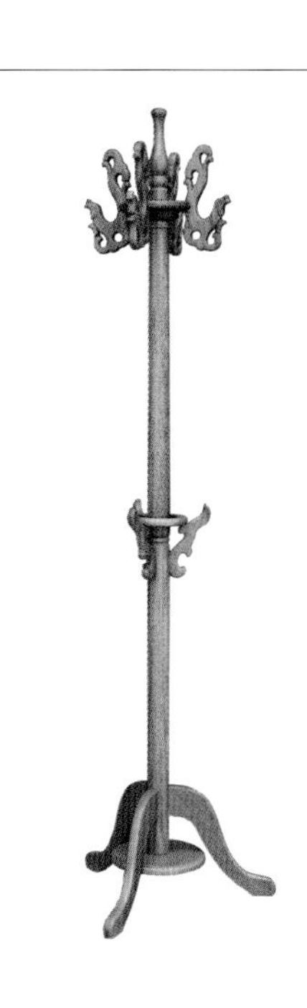

名称：博风衣帽架

名称：木雕

名称：柜

名称：盒式首饰盒

名称：神龛

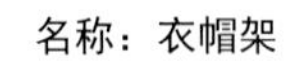

名称：衣帽架

名称：立钟

名称：木雕摆件

名称：衣帽架

名称：神龛

名称：动物纹宝鼎

名称：小插屏

名称：小插屏

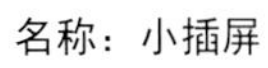

名称：小插屏

名称：小插屏

名称：神龛

名称：神龛

名称：首饰盒

名称：笔架

名称：首饰盒

名称：笔架

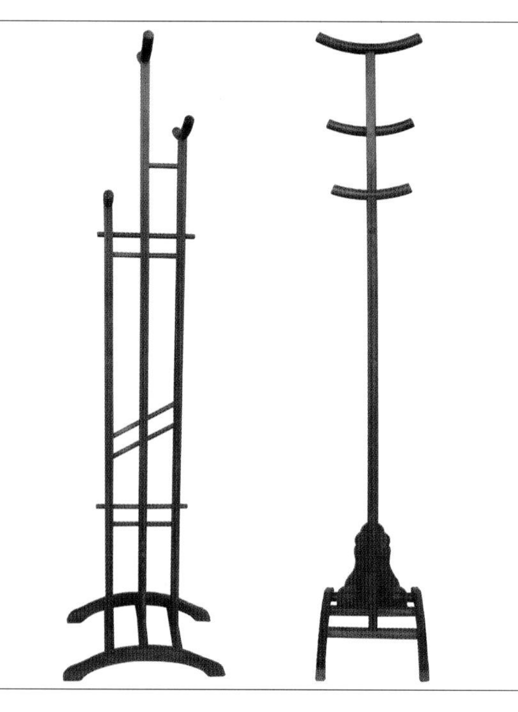

名称：衣帽架

名称：佛龛

名称：小插屏

名称：笔筒

名称：笔筒

名称：笔筒

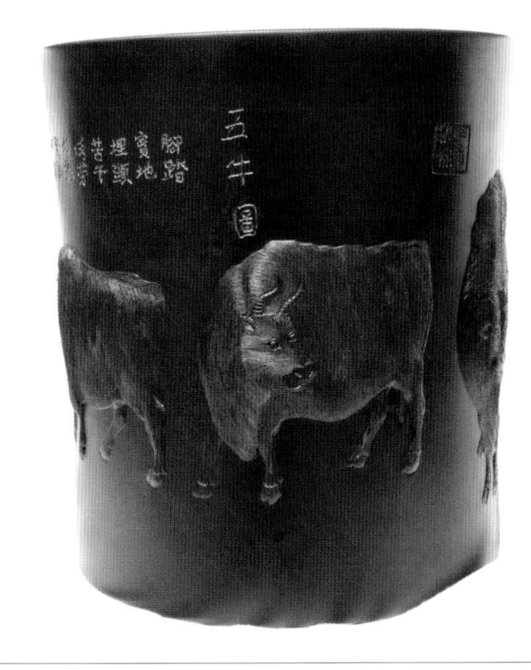

名称：笔筒

名称：笔筒

名称：笔筒

名称：笔筒

名称：笔筒

名称：笔筒

名称：笔筒

名称：笔筒

名称：笔筒

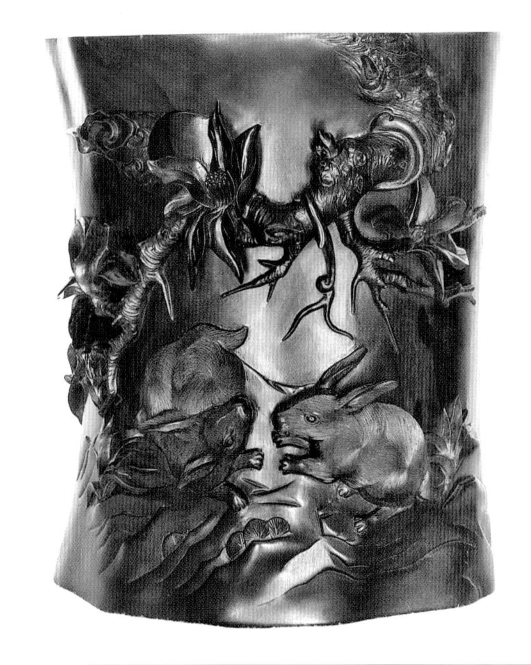

名称：笔筒

名称：文房

名称：笔架

名称：侧弧首饰盒

名称：方形首饰盒

名称：弧盖首饰盒

名称：弧形门首饰盒

名称：瓜果盘

名称：盒式首饰盒

名称：妆奁匣

名称：平顶盖首饰盒

名称：首饰盒

名称：首饰盒

名称：弧形盖满雕首饰盒

名称：弧盖首饰盒

名称：平顶盖首饰盒

名称：弧盖首饰盒

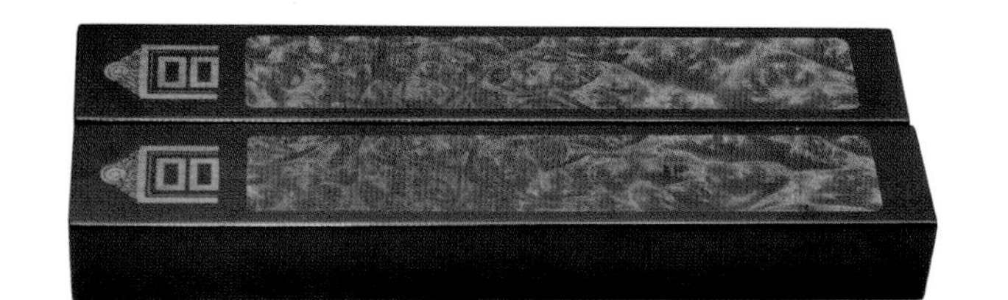

名称：镇纸

名称：算盘

名称：文具

名称：文具

名称：文具

名称：木雕摆件

名称：木雕摆件

名称：木雕摆件

名称：木雕摆件

名称：木雕观音

名称：千手观音

名称：千手观音

名称：木雕摆件

名称：木雕摆件

名称：木雕摆件

名称：木雕观音

名称：木雕

名称：立钟

名称：木雕摆件

名称：木雕摆件

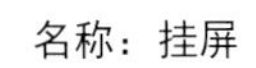

名称：挂屏

名称：三足金蟾

名称：笑弥勒

名称：木雕摆件

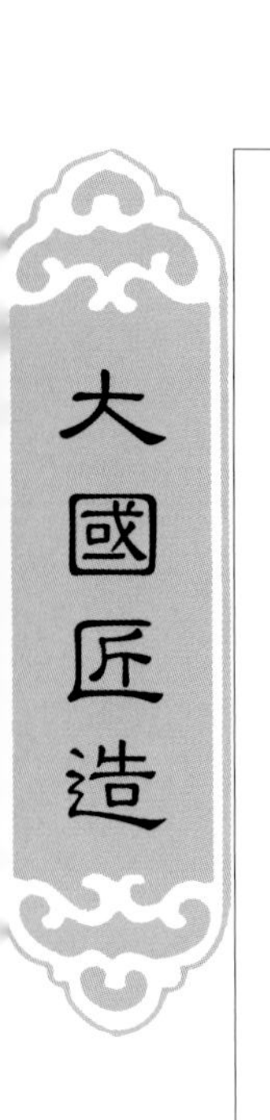

名称：千手观音

名称：观音

名称：千手观音

名称：花瓶

名称：观音

名称：摆件

名称：木雕摆件

名称：木雕摆件

名称：木雕摆件

名称：木雕摆件

名称：木雕摆件

名称：木雕摆件

名称：木雕摆件

名称：木雕摆件

名称：武圣关云长

名称：木雕摆件

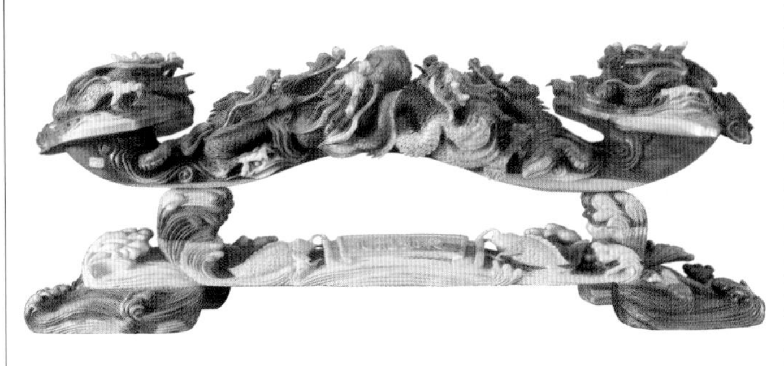

名称：木雕摆件

名称：木雕摆件

名称：木雕摆件

名称：木雕摆件

名称：木雕摆件

名称：木雕摆件

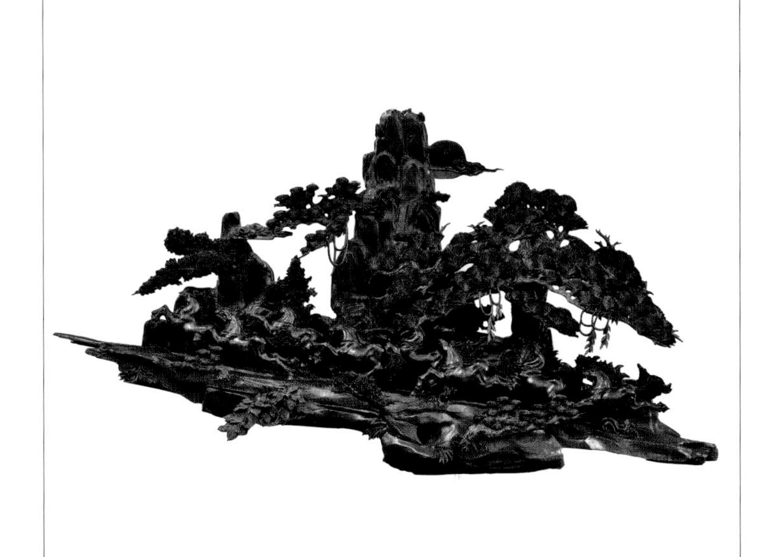

名称：木雕摆件

名称：木雕摆件

名称：木雕摆件

名称：木雕摆件

名称：笔筒

名称：木雕摆件

名称：木雕摆件

名称：木雕摆件

名称：木雕摆件

名称：木雕摆件

名称：木雕摆件

名称：木雕摆件

名称：木雕摆件

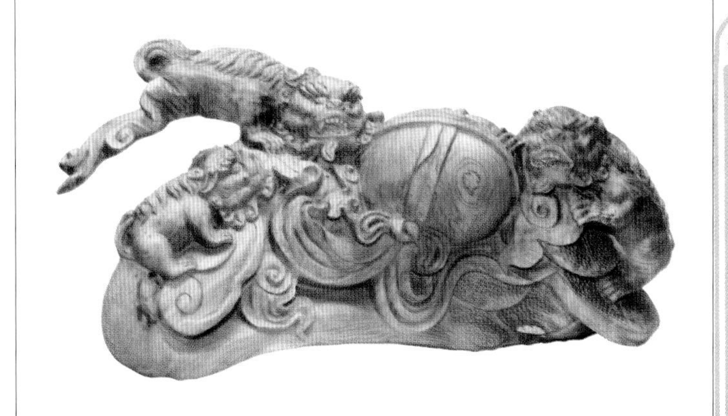

名称：木雕摆件

名称：木雕摆件

名称：木雕摆件

名称：木雕摆件

名称：木雕摆件

名称：木雕摆件

名称：木雕摆件

名称：百福插屏

名称：黄杨木挂屏

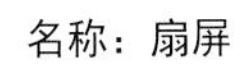

名称：扇屏

名称：挂屏

名称：座屏

名称：百鸟朝凤落地屏风

名称：挂屏

名称：九龙座屏

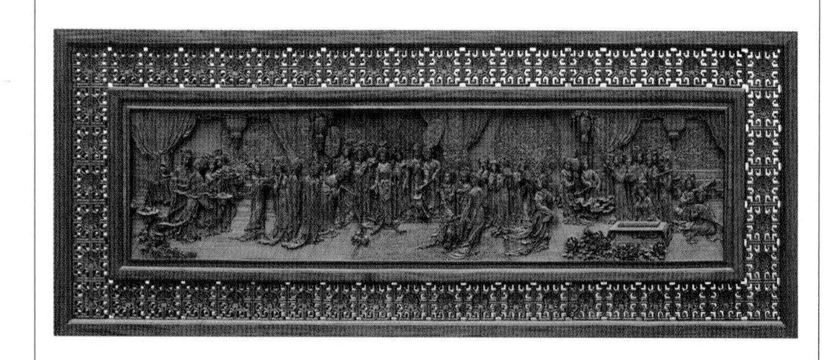

名称：挂屏

名称：梅花扇屏

名称：山水屏风

名称：三星插屏

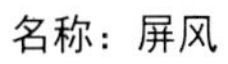
名称：屏风

名称：屏风

名称：屏风

名称：屏风

名称：屏风

名称：屏风

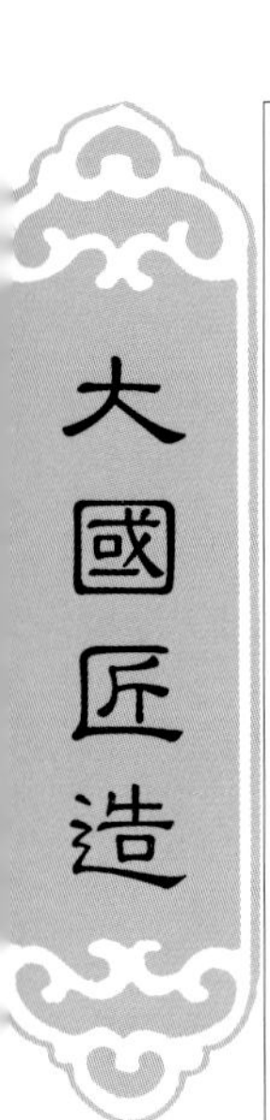

名称：年年有余屏风

名称：挂屏

名称：饮中八仙图插屏

名称：花鸟屏风

名称：清明上河图屏风

名称：福禄寿喜

名称：山水挂屏

名称：屏风

名称：花鸟屏风

名称：屏风

名称：梅兰竹菊屏风

名称：福字屏风

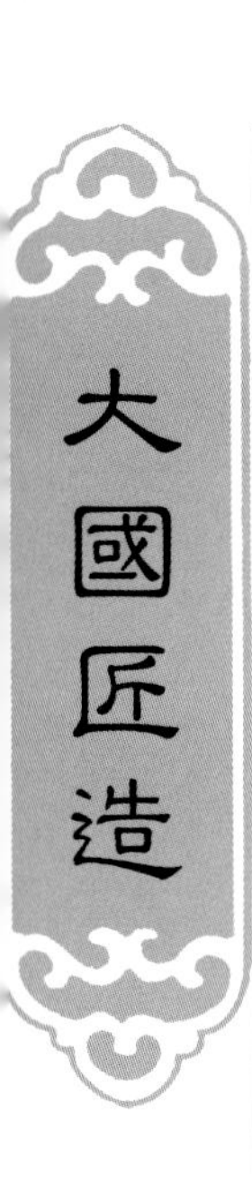

名称：一帆风顺屏风

名称：嵌大理石小屏风

名称：迎客松屏风

名称：屏风

名称：屏风

名称：屏风

名称：屏风

名称：屏风

名称：花鸟屏风

名称：屏风

名称：花鸟屏风

名称：屏风

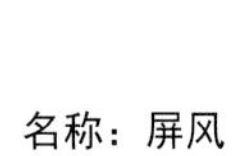

名称：屏风

名称：屏风

名称：屏风

名称：雕龙屏风

名称：屏风

名称：屏风

—— 刘开全 ——

（御品堂古典红木家具）

刘开全从业三十年来主要从事明清家具的收藏研究以及设计制作。对明清家具的造型、结构以及文化内涵有着独到的见解通过自己多年的设计制作经验改良与创新设计出一批明清式艺术家具作品以“型精韵深、材艺双美”堪称巧夺天工